中华科技传奇丛书

从蛙人到“蛟龙号”潜水器

韩园园　何俊锋　编著

上海科学普及出版社

图书在版编目(CIP)数据

从蛙人到“蛟龙号”潜水器/韩园园，何俊峰编著. ——上海：
上海科学普及出版社，2014.3
(中华科技传奇丛书)
ISBN 978-7-5427-6041-8

Ⅰ.①从… Ⅱ.①韩…②何… Ⅲ.①潜水器-技术史-中国
-普及读物 Ⅳ.①P754.3-092

中国版本图书馆 CIP 数据核字(2013)第 306645 号

责任编辑:胡 伟

中华科技传奇丛书
从蛙人到“蛟龙号”潜水器
韩园园 何俊峰 编著
上海科学普及出版社出版发行
(上海中山北路 832 号 邮政编码 200070)
http://www.pspsh.com

各地新华书店经销 三河市华业印装厂印刷
开本 787×1092 1/16 印张 11.5 字数 181 400
2014 年 3 月第一版 2014 年 3 月第一次印刷

ISBN 978-7-5427-6041-8 定价:22.00 元

前言

地球作为一颗行星在浩瀚的宇宙中是微不足道的，但它独有的特点令宇宙中大多数天体黯然失色，那就是，它是太阳系中唯一拥有大量液态水的星球。我们居住的地球实际上是一个淡蓝色的水球，而我们居住的陆地不过是浩瀚海洋中的一个个岛屿罢了。

海洋是生命的摇篮，对自然界、人类文明社会的进步有着巨大的影响，人类社会发展的历史进程一直与海洋息息相关。海洋为人类的繁衍生息提供了丰富的食物和资源。

人类自古就产生了探索海洋的欲望，并不断地付诸实践。从古代的《山海经》中的精卫填海到明朝的《海防图论》，一直到现在蛟龙号潜水器的发明，人类正逐步加深对海洋的探究。在漫长的历史中，人类对海洋及其价值的认识不断全面和深化。目前来说，人类对海洋的开发较之前已经取得了巨大的进步与发展。

任何事物，在没有被认知之前，都笼罩着神秘。海底世界到底是怎样的？为什么世界许多民族都有海底龙宫、龙王和虾兵蟹将之类的神话传说？现在国家如此重视海洋的探索与开发又是为什么呢？为方便广大海洋爱好者，本书追本溯源，从古人对海洋的敬畏、好奇，然后逐步学会游泳、潜水写起，直到近代是如何探索并开发海洋的，并对现代的潜艇作了详细的阐述。本书集知识性、趣味性、可读性为一体，尤其适合青少年阅读。

编写本书过程中，我们参考了大量专业文献和相关书籍，尽可能收录一切关于潜水的人和故事，通过通俗易懂的语言，给每一位读者带去最有趣和高质量的阅读感受。也希望能让大家对海底世界的了解有所帮助。因编者能力有限，书中难免有不足之处，还请广大专家和读者斧正。

目录

一、海底世界的神话

二、古人与海

三、深海幽灵潜艇

四、深海勘探利器“蛟龙号”

五、迷人的海洋世界

一、海底世界的神话

传说中的海底龙宫

⊙拾遗钩沉

龙宫真的存在吗？其实，龙宫只是人们的一种美好幻想。不过在海底，人们真的发现了一些古老的宫殿遗址呢。它们原本都是陆地上的城市，后来因为各种原因沉到了海底，变成了海底遗迹。

在长达几千年的古代社会之中，我们的祖先一直相信，在茫茫的大海之下，有另外一个世界，龙王就是这个世界的最高统治者。他住在华丽宏伟的龙宫，拥有后宫三千佳丽，有九个儿子，有很多美若天仙的女儿，还有各种海洋生物组成的文武百官。当然，龙宫中埋藏着数也数不清的奇珍异宝。

在国内外很多的传说故事中，都出现了海底龙宫以及水下城市……然而这也只是人类的一种美好的幻想。人类多么希望能在汪洋大海中有自己居住的城市。

1968年的一天，阳光明媚，海水清澈明亮。美国科学家和几名潜水员，在大西洋的比米尼岛附近海域进行水下考察。突然，一名潜水员发现海底有一条宽阔、笔直的道路，路是用各种大小的长方形和多边形石头整齐铺成的。1974年，苏联科学家在北大西洋海底拍摄到一批建筑物断壁残垣的照片。1979年，法国与美国科学家在大西洋百慕大群岛附近的海域，发现了一座水下金字塔，规模比埃及金字塔还要大很多。水下的一系列发现，引起全世界的轰动，但是这些并非是什么海底龙宫或者城市，只不过是陆地上建筑物沉没在水中的遗迹。这些海底遗迹就是海底存在的一些古时遗留

海底城市遗址

下来的建筑艺术。地球经历了无数次的地壳变动、火山爆发、冰河、洪水等变化，亿万年来几经浮沉，才形成今日我们所看到的地理环境。史前时代人类曾经有文明，经过天然灾害侵袭，这些遗迹在地形变动或海水上升后，没入海底而得以保存。

⊙史实链接

大概在半个世纪之前，在琉球群岛的与那国岛南端，潜水员在海底潜水时，发现人造建筑物的遗迹。其中包含被珊瑚覆盖的方形建筑物、巨大带棱角的平台，以及如街道、楼梯及拱门状的建筑等，像是一座祭坛之类的古城遗迹，后来这座海底城被当地人命名为“海底遗迹潜水观光区”。日本海洋研究的教授指出，这个海域所在的陆地露出地面的时间至迟在一万年以前的最后一次冰河期。2001年，印度外海也发现了近万年前的古城遗址。还有很多地方也发现了海底遗迹，这说明人类文明经过毁灭后再重新发展的可能性的确是存在的。

日本水域的海水下金字塔

⊙古今评说

龙宫的相关传说是远古人类表现出的对自然及其文化现象的一种理解和想象。它是人类早期不自觉的艺术创作。远古时代生产力水平很低，人们不能科学地解释海洋的变化，因此借助想象把海洋拟人化了。这些龙宫被至高无上的龙王管辖，寄托了原始人征服自然的愿望。

从文化本源的角度来说，龙宫的传说表明了中国古代早期的海洋文化具有非常厚实的思想底蕴，而且更加难能可贵的是，其中也包含着丰富的海洋文化信息。浩瀚的海洋、丰富的资源，是地球上最后探索的领域，近年各个领域科技的进步给海洋带来了新发展机遇，但埋藏于海洋水底下数千米深处的神秘宝藏，仍有待我们去开发。

神话中人们想要的海底龙宫

神话中的虾兵蟹将

⊙拾遗钩沉

我国民间有关于“虾兵蟹将”的传说。相传，螃蟹历尽千辛万苦，在西海找到东海龙王建造龙宫所需要的宝石，但是东海龙王听信谗言，将螃蟹压入大牢。后来东海龙王因为偷盗宝石被围攻。无奈之下，东海龙王负荆请罪，请螃蟹出战以解危机。螃蟹便成了将军，手下的众虾就成了兵士。它们最终打败敌人，保护了自己的家园。因此，大家现在还习惯将它们称为“虾兵蟹将”。

虾跟蟹都属于节肢动物，它们的身体表面都有一层硬壳，有触须和五对足，其中的四对都是用于游泳或者行走，最前面的一对演化为钳子。虾的外观跟蟹有一定的区别，虾的身体为长形，且有些种类的虾是没有钳子的，靠身体表面的硬壳以及头部尖锐的触角抵御外来侵略。虾属于节肢动物门甲壳纲十足目，有2000余种，一般分为淡水虾和海洋虾，包括青虾、河虾、对虾、基围虾、琵琶虾、草虾、龙虾等。

虾类喜欢栖息于石缝、水底草丛中，捕食浮游生物和其他小生物。

对虾是重要经济虾类，不过对虾并不是成对生活在一起的，因成对有吉祥含义，因此经常以对出售而得名。

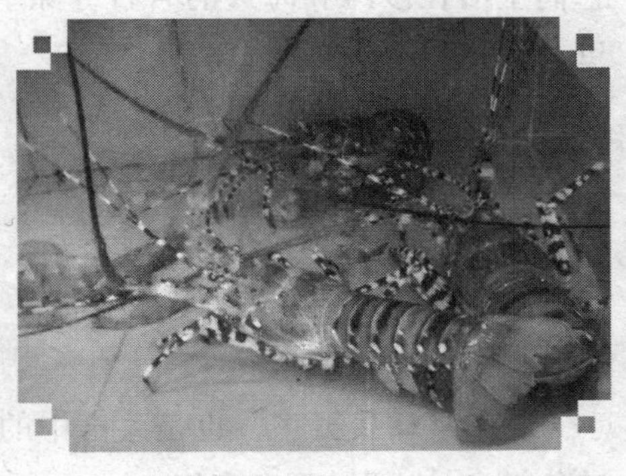

世界上最大的虾——龙虾

龙虾在虾类中体积最大，龙虾科包括龙虾和螯龙虾。1934年在北美深海捕获到一只巨大螯龙虾，长达1.22米，重19千克，现陈列于美国波士顿科学馆里。

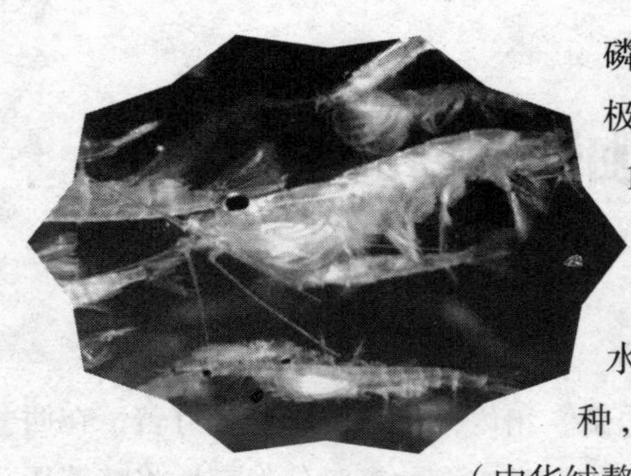
群体的磷虾

磷虾是虾类中最多的一个品种，又叫南极虾，磷虾目约80种，体形似小虾，长1~2厘米，最大的种类约长5厘米。

蟹和虾是同目堂兄弟，是十足目短尾次目的统称。蟹和虾一样分为淡水蟹和海洋蟹，约4700种。我国有800种，常见的有梭子蟹、关公蟹、绒螯蟹（中华绒螯蟹俗称大闸蟹）、招潮蟹等。

蟹腹部扁平呈片状，向前弯折贴在头胸部下，无尾肢，有一双大大的钳子般的螯足。不同于其他动物，蟹最典型的特征就是横着走路。

世界上最大的蟹是日本巨蟹和塔斯马尼亚蟹，外貌跟蜘蛛相似，又叫巨型蜘蛛蟹。它头胸甲长40多厘米，宽30多厘米，一对螯足细长，雄的 2米以上，雌的约1米，号称“蟹王”，最重的可达9~10千克。

此外，拟石蟹、椰子蟹、瓷蟹、蝉蟹、寄居蟹等属虽也称为蟹，但在分类学上属于歪尾次目甲壳动物。而短尾次目称为真蟹。

寄居蟹又称为“白住房”，常常吃掉贝、螺等软体动物的肉，把人家的宫壳占为己有居住。它有时还以竹节、珊瑚、椰子壳、海绵等，甚至瓶瓶罐罐等当房子，随着长大而不断换房寄居。它们生活在沙滩和海边的岩石缝隙里。

寄居蟹以螺壳等为寄体，平时负壳爬行，受到惊吓会立即将身体缩入螺壳内。它欺软怕硬，胆小如鼠，又是动物世界中的强盗。

在沙中伪装自己的寄居蟹

现在“虾兵蟹将”也是菜谱中的一道名菜，主料是螃蟹和青虾。

⊙史实链接

一种说法，虾兵蟹将一词来自明·冯梦龙《警世通言》卷四十：“乃率领鼋帅虾兵蟹将，统帅党类，一齐奔出潮头。”另一说法，虾兵蟹将来自《西游记》：“东海龙王敖广急忙起身，与龙子龙孙、虾兵蟹将出宫。”

话说孙悟空得道后回到花果山，见花果山已经成了一座荒山，猴子猴孙们也都变得惨不忍睹，问了之后得知，花果山已经被一个妖怪占领了。孙悟空哪里受得了这个，一气之下，将那个妖怪给撕了，还将妖怪的兵器夺了过来，是一口大刀。孙悟空为了防止以后发生类似的情况，就把猴子猴孙们都组织起来，并开始训练他们。但是他总是用不惯手中的大刀。于是有个老猴子就出了个主意：“大王有所不知，从我们这里的水帘洞可以直达东海龙宫，龙宫里宝贝众多，大王何不去那里讨得一件顺手的兵器来。”孙悟空一想也是，便去东海龙宫去借兵器去了。但是东海龙王可不是什么泛泛之辈，怎么肯轻易将宝贝给他，于是派出了很多的虾兵蟹将与之搏斗，这就是孙悟

龙王像

空大闹东海龙宫的故事。东海被孙悟空搅得鸡犬不宁，无奈之下的龙王只好向悟空屈服，献出了海底神针——金箍棒。

游戏中的虾兵蟹将形象

⊙古今评说

虾兵蟹将是古代小说中龙王手下的兵将，现在多用于比喻敌人的爪牙或不中用的大小喽罗。这里的虾兵蟹将用了互文的手法，有虾兵也有蟹兵，有虾将也有蟹将。

兴风致雨的四海龙王

⊙拾遗钩沉

龙王是道教神祇之一，源于古代人们对龙神和海神的崇拜和信仰。在中国的传统文化中，龙王掌管海洋中成千上万的生灵，可以在人间司风管雨。

古人认为，凡是有水的地方，无论江河湖海，都有龙王驻守。龙王能生风雨，兴雷电，职司一方水旱丰歉。因此，大江南北，龙王庙林立，与土地庙一样，随处可见。如遇久旱不雨，一方乡民必先到龙王庙祭祀求雨，如龙王还没有显灵，则把它的神像抬出来，在烈日下暴晒，直到天降大雨为止。

一般来说大的龙王有四位，掌管四方之海，称为四海龙王。四海龙王是奉玉帝之命管理海洋的四个神仙，弟兄四个中东海龙王敖广为大，其次是南海龙王敖钦、北海龙王敖顺、西海龙王敖闰。小的龙王则可以存在于任何的水域之中。龙王形像多是龙头人身。

“龙”在我国古代书籍中有很多记载，《礼记·礼运篇》中就称“‘龙、鳞、凤、龟’，谓之四灵”。《北大荒经》：“章尾山有神，人面蛇身而赤，直目正乘，具瞑乃晦，其视乃明，不食不寝，不息风雨，是谓之龙。”《说文》中说“龙”是鳞虫之长，能细能巨，能长能短。李时珍在《本草纲目》中说：“龙有九似：头似蛇、角似鹿、眼似兔、耳似牛……”龙被想象成为一身具备各种动物之所长，成了一种神异之物。

传说中的四海龙王

鸠摩罗什翻译的《妙法莲花经》里，龙王有八位。他们是：

传说中龙的形象

难陀龙王，跋难陀龙王，婆伽罗龙王，和修吉龙王，五德义迦龙王，阿那婆达多龙王，摩那斯龙王，优钵罗龙王。宋代画家张胜温作《法界源流图》，画了其中的六位（缺摩那斯龙王和优钵罗龙王）。这六位龙王都是人间王者的形状，穿袍蹬靴，携侍带眷，衬以天云海水。

唐代翻译的《华严经》中，龙王增至十位，名称也不同于上述八位。他们是：一毗楼博叉龙王，二娑竭罗龙王，三云音妙幢龙王，四焰口海光龙王，五普高云幢龙王，六德义迦龙王，七无边步龙王，八清净色龙王，九普运大声龙王，十无热恼龙王。另外，还有五龙王、七龙王、八十一龙王。一百八十五龙王之说。

《大云请雨经》上说："有一百八十五龙王，为兴风致雨之神。"四海龙王，是小说《西游记》上说的四个龙王，即东海敖广、南海敖钦、北海敖顺、西海敖闰。又说，龙王有九子，据《玉芝堂笔荟》说："龙生九子不成龙，各有所好。"这是很有趣的神话。其九子的名字和特点爱好是：长子囚牛，生平好音乐，今胡琴头刻兽是其遗像；次子睚眦，生平好杀，今金刀柄上龙吞口是其遗像；三子嘲凤，平生好险，今殿角走兽是其遗像；四子蒲牢，生平好鸣，今钟上兽钮是其遗像；五子霸下，平生好负重，今碑座兽是其遗像；六子狴犴，平生好讼，今狱门头上狮子头是其遗

龙王的九子图

像；八子蛮吻，平生好吞，今殿脊兽头是其遗像（其原文少一子的记载）。除此之外，还有一些其他的说法，不再一一列举。

龙王在我国的古代神话传说中占据了十分重要的角色。他能在秋分潜伏深水，春分能腾飞苍天，吞云吐雾，呼风唤雨，鸣雷闪电，变化多端，无所不能。除此之外，龙王可以护持佛法，保佑众生。如排在佛教二十位“诸天”中第十九位的“娑竭龙王”，尽管是传说中掌管水蛇的海王，也要以护法神的身份供奉和护持佛舍利、佛经等佛的“法宝”。西晋竺法护译的《海龙王经》里，还讲了一个龙王请佛到大海龙宫受供养，并请“世尊及大众”诸佛为其“无数眷属”说法的故事。《华严经》称，诸位无量大龙王，“莫不勤力兴云布雨，令诸众生热恼消灭”。这和中国本土龙兴云布雨的神职是相吻合的。

⊙史实链接

传说青海湖被称作“西海”。很久之前，海龙王见自己的王后生了四个龙子，非常开心。过了很多年后，四个龙子逐渐长大，却越来越调皮了。龙王为此大伤脑筋。龙王经过一番冥思苦想之后，终于想出了办法，他将四个儿子召进宫中，说：“你们现在已经长大，不需父王保护，也该独当一面了。”

随后命大儿子敖广去东海，当东海龙王；二儿子敖钦去当南海龙王；三儿子敖顺做北海龙王。海龙王本想小儿子敖闰在身边，可小王子已先说：“我就做西海龙王吧！”海龙王哈哈大笑，连连称赞：“好！”于是，小龙王独自西行，找遍了华夏九洲，也没有看见西海。来到祁连山南麓，小龙子疲惫不堪，伤心地哭诉道：“连海都没有，我怎么做龙王？”哭着哭着，想起幼时看见父王唤雨的

传说中的“西海”——青海

几招神功，然后登上祁连山顶，设台施法，霎时间狂风大作，却仅落下几滴雨……施法多日未见成效，倒惹怒了天神，惊动了玉帝。玉帝心慈，令雷公、电母、风伯、云童相助，倾刻间电闪雷鸣，狂风暴雨，造了5000平方千米平均水深有20多米的海——青海。

⊙古今评说

古人普遍认为洪涝和干旱灾难，都是龙王在发威惩罚众生。因此龙王的形象在人们心中是一位严厉并带有几分凶恶的神仙。古时，中国民间很多地方为求风调雨顺，都习惯建造寺庙来供奉龙王，庙内多设坐像，通常只立有一位龙王。建国后，龙王庙建筑悉数被毁。改革开放之后，又有不少龙王庙得到修缮，成为各地文物及信奉者祭拜的场所。

龙王庙

不食人间烟火的龙女

⊙拾遗钩沉

龙女，一般特指“二十诸天”中第十九天之婆竭罗龙王的女儿。龙女自幼便聪明伶俐，八岁时偶听文殊菩萨在龙宫说“法华经”，茅塞顿开，便去灵鹫山礼拜佛陀，最终修成正果，以龙身成就佛道。龙女成佛后，为了方便教化众生，便在观世音菩萨身旁作了协持。

龙女一词最早见于《太平御览》卷八Ｏ三引《梁四公记》：震泽中东海龙王女掌龙王珠藏。龙嗜烧燕。（梁武）帝以烧燕献龙女，龙女食之大喜，以大珠三、小珠七、杂珠一石以报帝。按《四公记》，或说唐梁载言撰。

唐·岑参《龙女祠》诗云：“龙女何处来，来时乘风雨。祠堂青林下，宛宛如相语。蜀人竞祈恩，捧酒仍击鼓。”可见到唐朝时，龙女已经被民间所奉祀。

再之后，五代，蜀杜光庭《灵异记》卷五亦云：“柳子华，唐朝为成都令，龙女来与为匹偶。”

至于《太平广记》卷四二一“刘贯词”条引《续玄怪录》之“龙珠”，卷四二二“许汉阳”条引《博异志》之“水龙王诸女”亦俱是龙女。龙女灵异为唐人乐道不衰如此。

《搜神传》中亦提到龙女一词，水族朝阳谷天吴的妹妹，东海雨师国国主，芳名雨师妾，善御龙，故号龙女，“大荒十大妖女”之首，又有“大荒第一美女”之称。

龙女

我国古代关于龙女的传说有很多，其中比较著名的有龙女拜观音、吹箫会龙女等。

龙女拜观音是讲东海龙王之女因贪玩被人捉住，观音派身边的善财童子加以救助，龙女才得以保住性命。最后龙女便跟随观音菩萨修炼。吹箫会龙女是说八仙中的韩湘子爱慕东海龙宫七公主，但因此事被龙王得知，七公主被软禁。韩湘子便一心修炼，终于练就一番本领。但七公主因为思念情郎，偷了神竹，被观音惩罚做侍女，一生不得离开。

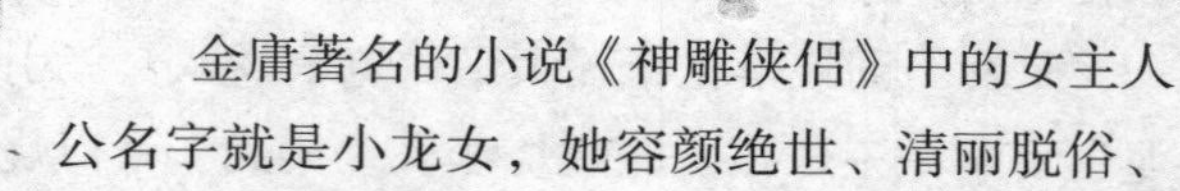

陪在观音旁的龙女

金庸著名的小说《神雕侠侣》中的女主人公名字就是小龙女，她容颜绝世、清丽脱俗、美胜天仙、生性冷漠、不谙世事，对待爱情坚贞不悔，一袭白衣若雪，犹似身在烟中雾里。

⊙史实链接

大乘佛教兴起之后，很多传统的观念发生重大改变，转女成男、成佛之说亦告兴起。如《阿阇世王女阿术达菩萨经》说阿阇世王女阿术达，年方十二，发菩萨大愿，转女身，得“当来作佛”之授记；《离垢女经》说波斯匿王女离垢施，年十二岁，发作佛之愿，变成八岁童子，受“成佛”之记；《须摩提菩萨经》说罗阅只国优迦长者女须摩提，八岁时受菩萨行，忽转女身，成为沙弥，受“当来作佛”之记；《海龙王经》卷三〈女宝锦受决品〉说海龙王女宝锦与诸龙之夫人共以璎珞献佛，发无上道心愿成佛，得“当来成佛”之记；《菩萨处胎经》卷七之《八贤圣斋

大乘佛教众佛图

品》也说龙女生于阿弥陀佛国，可得作佛。可见《法华经》之龙女成佛说，并非绝无仅有。

⊙古今评说

从修学的角度来说，龙女成佛启迪了人们追求佛道的决心，告诫人们修学佛法应该奉献、欢喜、承担、包容，也告诫后代的学人要学修并进，不可偏执。站在修学的本位上来说，佛法的修学离不开现实的生活。故六祖大师云："佛法在世间，不离世间觉。"龙女成佛故事，通过智者大师的诠释，对于在现实生活中的启示，更有其积极的一面。

龙女成佛像

声名显赫的龙子龙孙

⊙拾遗钩沉

传说龙母生了九个儿子，这九个儿子长相不同，生活秉性和习惯也不尽相同。很多学者的作品中都有记载，如陆容的《菽园杂记》、李东阳的《怀麓堂集》、杨慎的《升庵集》、李诩的《戒庵老人漫笔》、徐应秋《玉芝堂谈荟，龙生九子》、引东阳的《怀麓堂集》等都各有记载。

龙生九子并非龙恰好生九子。中国传统文化中，以九来表示极多，有至高无上地位，九是个虚数，也是贵数，所以用来描述龙子。龙有九子这个说法由来已久，但是究竟是哪九种动物一直没有说法，直到明朝才出现了各种说法。

据说明朝开国元勋刘伯温本是玉帝身边的一位天神。元末明初，战火不断，民不聊生，玉帝派刘伯温转世辅佐明君，以造福苍生，并赐他斩仙剑，号令四海龙王。但是龙王事务繁多，就派出了自己的九个儿子。九个龙子跟随刘伯温征战多年，帮助朱元璋建立大明王朝，后又帮助朱棣夺得了皇位。

神功圣德碑

当龙子功德圆满准备返回天廷复命之时，朱棣这个野心极大的皇帝却想永远把龙子们留在自己身边，以安邦定国。于是他便借修筑紫禁城为名，拿了刘伯温的斩仙剑号令九子。龙九子顿时大发雷霆。朱棣见斩仙剑对龙九子无用，便决定用计，他对九子中的赑屃说：“我知你力可拔山，能负重万金，若你可驼走这块先祖的神功圣德碑，我即刻便放你们走。”赑屃发现不过只是一块小小的石碑，便立即驮在了身上，但用尽法力却不能行。原来，神功圣德碑乃记载“真龙天子”生前一世所做功德（善事）之用（功德是无量的），又有两代帝王的玉玺印章，能镇四方神鬼。众龙子见到自己兄弟被石碑压住不能动弹，不忍离他而去，便决心留下，但发誓永不现真身。尽管朱棣留下了九个龙子，但是最后得到的也只有九个雕像罢了。刘伯温得知此事，便脱离肉身返回天庭。朱棣后悔莫及，为了警示后人不要重蹈覆辙，便让九个龙子各司一职，流传千古。

明朝文学家——李东阳

李东阳的《怀麓堂集》是较早记录“龙生九子的书籍。“龙生九子不成龙，各有所好。囚牛，平生好音乐，今胡琴头上刻兽是其遗像；睚眦，平生好杀，金刀柄上龙吞口是其遗像；嘲风，平生好险，今殿角走兽是其遗像；蒲牢，平生好鸣，今钟上兽钮是其遗像；狻猊，平生好坐，今佛座狮子是其遗像；霸下，平生好负重，今碑座兽是其遗像；狴犴，平生好讼，今狱门上狮子是其遗像；赑屃，平生好文，今碑两旁文龙是其遗像；螭吻，平生好吞，今殿脊兽头是其遗像。”

民间也有龙外孙的传说，龙外孙即海泥鳅，传说是东海的鱼皇帝。东海渔民都喜欢在自己的船屁股上画一条海泥鳅，以求大吉大利，出海平安。传说，东海龙宫有条敲更鱼，爱上了失宠的龙宫公主，两人私定终身，生下了儿子就是海泥鳅。龙王不能接受此事，但是杀也杀不了，反被自己外孙愚弄。没有办法的情况下，只好封它做了东海管理鱼草的皇帝。

⊙史实链接

龙子龙孙出自元代尚仲贤《三鞭夺槊》第三折：“俺虽然是旧忠臣，则是四海他人。比他是龙子龙孙，则军师想度，元帅寻思，休休是他每亲的到头来也则是亲，怎辨清浑。”

明代吴承恩《西游记》第三回也提道：“东海龙王敖广即忙起身，与龙子龙孙、虾兵蟹

明朝小说家——吴承恩

将出宫。”龙子龙孙在古代借指皇子皇孙，也指权贵人家的子弟。

⊙古今评说

封建时代，龙是帝王的象征，也用来指至高的权力和帝王的东西：龙种、龙颜、龙廷、龙袍、龙宫等。龙在中国传统的十二生肖中排第五，其与白虎、朱雀、玄武一起并称“四神兽”。中国有上下5000年的历史，源远流长。龙的形象更是深入到了社会的各个层面，成为一种文化的凝聚和积淀。龙成了中国的象征、中华民族的象征、中国文化的象征。我们都是龙的传人，龙的形象是一种符号、一种意绪、一种血肉相联的情感！

帝王的象征——龙

受人膜拜的海神娘娘

⊙拾遗钩沉

妈祖，又称天妃、天后、天上圣母、娘妈，是历代船工、海员、旅客、商人和渔民共同信奉的神祇。古代在海上航行经常受到风浪的袭击而船沉人亡，船员的安全成了航海者的主要问题，他们把希望寄托于神灵的保佑。在船舶启航前要先祭天妃，祈求保佑顺风和安全，在船舶上还立天妃神位供奉。

人们从宋朝开始相信海神娘娘的存在，兴盛于明清时期，到了近代更是繁荣起来。海神是海洋文化的一种特质。历史上宋代出使高丽、元代海路漕运、明代郑和下西洋以及清代的郑成功光复台湾等，一切都体现了海洋文化的特征。海神娘娘是海洋文化史中最重要的民间崇拜的神灵之一。

相传在宋朝初年，福建省蒲田县海边的一个小渔村，住着一户姓林的渔民。渔民有一儿一女，女儿在农历三月二十三日出生，出生一个多月不曾啼哭，父母便起名“默娘”。默娘从小聪明好学，才智过人，八岁就开始朗诵诗经，且过目不忘。默娘虽然是土生土长的渔夫之女，却从不杀生吃荤，鸡鸭鱼肉、鱼虾蟹贝等一概不食，只吃五谷杂粮，鲜果蔬菜，特别喜食海藻菜类，饮雨露水。默娘体态纤弱，可水性非常好，对于潮汐气象更是不学自通。默娘心地善良，经常为渔家抢险排难，救死扶伤。

海神娘娘妈祖雕像

后来默娘被玉帝封为海神。海神娘娘升天以后，乘风踏浪，灵游四海，普救众生。哪里有难，她便哪里显灵，哪里遭灾，她便哪里出现。娘娘显灵救难，祖祖辈辈家喻户晓。

类似的传说故事，数不胜数，与日俱增，在船家渔民中，祖祖辈辈，绵延不断，越说越多，越传越广，越讲越神。至今仍有老人，能活灵活现地讲述当年亲身经历过的海难中得到娘娘的救助和为亲人祈祷而受到娘娘的荫护，平安脱险的真实故事。

海岛上默娘的雕像

默娘的一生非常短暂，但是她热爱劳动、见义勇为、扶危济困和无私奉献的高尚情操和英雄事迹却体现了中华民族的传统美德，并形成了一股巨大的精神力量。默娘去世之后，人们就按自己的愿望和理想，进一步把她塑造成为一位慈悲博爱、护国庇民、可敬可亲的女神，其目的仍是为了护育子孙后代和弘扬民族精神。

宋太祖赵匡胤建立宋王朝后，为了巩固自己的皇位，把君权与神权结合起来，崇道风气越演越神化。宋太祖惧怕天下人对他得皇位不服，编造所谓“一担两天子”的神话故事。而妈祖短暂的一生也正处在这样充满道气的时代，由此造就了妈祖生前死后不少浓厚的道教色彩。

妈祖在世时，身为女巫，实际上与宋代道教活动有着密切的联系，如广为流传的“窥井得符”、“灵符回生”故事，尤其是神人授予铜符，从此妈祖神通广大，奔波海上，法力玄通，人称“神女”。这是典型的由巫得道而成仙的道教神话故事。

宋廖鹏飞《圣墩祖庙重建顺济庙记》云：“独为女神人壮者尤灵，世传通天神女也。姓林，湄洲屿人。初，以巫祝为事，能预知人祸福，既殁，众为立庙于本屿……元祐丙寅岁、墩上常有光气夜现，乡人莫知为何祥。”从中可知，自元祐丙寅（1086）妈祖民间信仰形成开始，至宣和五年（1123）“赐庙额曰顺济”，表明仅仅过了三十七年官方就对妈祖信仰的首肯。

宋徽宗自称为“教主道君皇帝”。他对妈祖首次封号，起因于北宋末高丽国王俁病死，其子继位，派使者来宋告哀。“宣和四年，俁卒。初，高丽俗兄终弟及，至是诸弟争位，其相李资深立俁子楷，来告哀。诏给事中路允迪、中书舍人傅墨卿等尉。”（《宋史》卷四八七）路允迪在途中遇险被妈祖显灵得救，才得以平安到达高丽。他回国后将妈祖显灵护佑一事上奏朝廷，宋徽宗赐匾“顺济”于莆田圣墩庙，开了官方妈祖信仰之先河，无疑对民间信仰起了巨大的推动作用。

教主道君皇帝——宋徽宗

由于朝廷对妈祖的首肯，妈祖神话中带有道教色彩愈加浓厚，如明代《三教搜神大全·天妃娘娘》把妈祖列入道教诸神之中，在妈祖“俨然端坐而逝”后，“见其舆从侍女，拟西王母云”。把妈祖的舆从车仗，直接与道教尊神西王母相提并论。明代《太上老君说天妃救苦灵验经》中，又把妈祖说成“北斗降身，三界显迹，巨海通灵，神通变化”，这些著作把民间信仰的妈祖逐渐纳入庞杂多端的神仙谱系，提高了对妈祖的信仰度。

总之，妈祖信仰之所以具有浓厚的道教色彩，这与宋代崇奉道教有关，因为道教与民间信仰的关系最为密切，它的神仙谱系中不少来源于民间信仰。妈祖传说，是以真人真事为基础的神话，其信仰的形成和发展过程与道教有密切关系，它汲取了道教文化中的精华，逐步形成独特的妈祖文化体系。

⊙史实链接

妈祖是从中国闽越地区的巫觋信仰演化而来，在发展过程中吸收了其他民间信仰（千里眼顺风耳）的因素。随着影响力的扩大，又纳入儒家、佛教

广东最大的妈祖庙

和道教的因素，最后逐渐从诸多海神中脱颖而出，成为闽台海洋文化及东亚海洋文化的重要元素。

历代皇帝的崇拜和褒封，使妈祖由民间神提升为官方的航海保护神，而且神格越来越高，传播的面越来越广。由莆邑一带走向五湖四海，达到无人不知，无神能替代的程度。

台湾的妈祖信仰十分普遍，台胞1/3以上信仰妈祖，台湾全岛共有大小妈祖庙 510座，其中台南一地即有116座。它们的名字很多，有的叫天妃宫、天后宫 、妈祖庙；有的叫天后寺、天后祠、圣母坛；也有的叫文元堂、朝天宫、双慈亭、安澜厅、中兴公厝、纷阳殿、提标馆等。福建、台湾、广东及东南亚的林氏宗亲都称妈祖为“姑婆”、“姑婆祖”、“天后圣姑”、“天上圣母姑婆”等。

而举世瞩目的妈祖城也正在福建莆田湄洲湾畔如火如荼地建设中。妈祖城选址在妈祖故里，位于台湾海峡西岸忠门半岛东南部，坐北朝南，东临平海湾，南濒湄洲湾，西北环丘，与妈祖祖庙和湄洲岛国家旅游度假区隔海相望，集灵气、人气、财气三大优势。

更有意思的是，在今天的澳门，民间流传一种说法：“先有妈阁庙，后有澳门城”，可见妈阁庙历史之悠久。澳门的妈阁庙创建的确切年份至今未有定论，但可以肯定的是，葡萄牙人未登陆澳门时就有妈阁庙。400多年前，葡人从妈阁庙附近上岸后，问当地居民：“这是什么地方？”因为语言不通，当地人回答说这里是“妈阁”，葡人误以为“妈阁”就是这里的地名，于是葡人把“妈阁”称为“MACAU”，译成中文就是“澳门”。这一历史性的误会一直沿用至今。可见，澳门与妈祖文化关系源远流长。

⊙古今评说

从产生至今，妈祖信仰经历了一千多年，作为民间信仰，它延续之久，传播之广，影响之深，都是其他民间崇拜所不曾有过的。妈祖信仰的规模十分庞大，自宋以来直至清代，妈祖成了三大由国家祭典的神明（黄帝、孔子和妈祖）之一。由历代国家祭祀的中国十四个沿海城市的妈祖宫为核心，形成庞大的妈祖宫群，有一亿多妈祖信徒。

上海世博的妈祖文化

总之，妈祖文化包括妈祖的献身精神，集中于妈祖身上的真善美道德、乐于助人的品格以及有关妈祖的建筑艺术、雕塑、绘画、书法、诗文、楹联、文物、民俗文化、神话故事、民间传说、宗教信仰等，内涵丰富，外延深广。

古人传说中的海底奇宝

⊙拾遗钩沉

传说中的海底世界，是个蕴藏着很多奇珍异宝的地方。在那里，各种各样珠宝比比皆是，甚至连齐天大圣的“如意金箍棒”也是从东海龙宫要来的。

如意金箍棒原来就是东海的定海神针。传说定海神针是一块神铁，为太上老君所制。大禹治水时期，需要一块定海深浅的定子，大禹便向太上老君求得。再后来，定海神针便成了东海的定海之宝。孙悟空没有得力兵器，便向东海龙王去要，定海神针便成了孙悟空的如意金箍棒。

这在我国古典神魔小说《西游记》第三回有记载：“正说处，后面闪过龙婆、龙女道：‘大王，观看此圣，决非小可。我们这海藏中那一块天河定底的神珍铁，这几日霞光艳艳，瑞气腾腾，敢莫是该出现遇此圣也？’

龙王道：‘那是大禹治水之时，定江海浅深的一个定子，是一块神铁，能中何用？’龙婆道：‘莫管他用不用，且送与他，凭他怎么改造，送出宫门便了。’老龙王依言，尽向悟空说了。

《西游记》中的定海神针

悟空道：‘拿出来我看。’龙王摇手道：‘扛不动，抬不动！须上仙亲去看看。’悟空道：‘在何处？你引我去。’龙王果引导至海藏中间，忽见金光万道。龙王指定道：‘那放光的便是。’悟空撩衣上前，摸了一把，乃是一根铁柱子，约有斗来粗，二丈有余长。他尽力两手挝过道‘忒粗忒长些，再短细些方可用。’说毕，那宝贝就短了几尺，细了一围。

悟空又颠一颠道：‘再细些更好。’那宝贝真个又细了几分。悟空十分欢喜，拿出海藏看时，原来两头是两个金箍，中间乃一段乌铁，紧挨箍有镌成的一行字，唤作‘如意金箍棒一万三千五百斤’。心中暗喜道：‘想必这宝贝如人意！’一边走，一边心思口念，手颠着道：‘再短细些更妙！’拿出外面，只有丈二长短，碗口粗细。”

武财神赵公明

从以上所述不难看出，定海神针原本仅是被埋没了几千年的上古之物，从未被当成一回事。这海底奇珍最终被孙悟空所得就好比是千里马终遇伯乐，也助孙悟空一路上降妖除魔，创了一番事业。

海中除了我们熟知的定海神针之外，还有定海神珠。定海神珠是先天灵宝，由二十四颗珠子攒成一串，散发五色毫光，眩敌灵识五感，威力巨大犹如四海之力（赵公明以此宝横扫阐教十二金仙及阐教副教主燃灯道人。燃灯道人也曾以此宝成功偷袭了通天教主）。

此宝于玄都出世：《封神演义·四十七回》燃灯曰：“此宝名‘定海珠’，自元始已来，此珠曾出现光辉，照耀玄都；后来杳然无闻，不知落于何人之手。”其实十有八九就是落在了通天教主手上。

通天教主在碧游宫分宝时，将定海珠与缚龙索赐给了赵公明。封神大战中定海珠被武夷山二散人萧升、曹宝以落宝金钱落取，燃灯道人又将此珠索去。封神之后燃灯道人投身西方，化为燃灯上古佛，此珠亦兴于释门，衍为二十四诸天（又称二十四佛国），可收摄人、物。

此外，还有龙珠，传说龙珠是骊龙颔下的珍贵的宝珠。

古时，有一人曾经拜见过宋王，还得到了丰厚的赏赐。此人便在庄子面前显摆。庄子说：“河上有一个家庭贫穷靠编织苇席为生的人家，他的儿子潜入深渊，得到一枚价值千金的宝珠，父亲对儿子说：‘拿过石块来锤坏这颗宝珠！价值千金的宝珠，必定出自深深的潭底黑龙的下巴下面，你能轻易地获得这样的宝珠，一定是正赶上黑龙睡着了。倘若黑龙醒过来，你还想活着回来吗？’这就好比现在，宋国险恶远不仅仅只是龙潭虎穴，而宋王之凶残恐怕也远远超过黑龙。你之所以能获得丰厚赏赐，只是侥幸赶上宋王睡着了而已。但倘若宋王回过神来，恐怕离你粉身碎骨也就不远了。”

传说中骊龙颔下的龙珠

当然除了以上所说的定海神针和神珠之外，还有很多珍奇的宝石。其中较为出名的便是猎人海力布因解救乡亲说出龙宫宝石而变成石头的故事。在古时的内蒙古一带，猎人海力布平时常把打到的猎物分给乡亲，很受爱戴。有次，他救了龙女，龙王为表谢意，将含于自己口中的宝石送给他。只要将此宝石含在口中，便可以听懂所有动物的谈话。龙女再三嘱咐他不能说出宝石秘密，否则将变成石头。海力布一次打猎时，听见鸟儿说山洪即将爆发，便将此消息告知乡亲。但是乡亲都不信，海力布无奈之下，只好将宝石之事如实说出。海力布刚刚说完就变成一尊石像。为了感恩当地人世世代代都纪念他，据说至今都能找到海力布的石像。

⊙史实链接

历史和海洋都给人深邃而神秘的感觉，而当历史沉没于海洋之中的时候，更加带给人们无限的遐想。在人类文明的发展史上，浩瀚的海洋，曾带给人们机遇也带来挑战，提供便利也造成困难。历史的长河与广袤无垠、风云变幻的海洋共处，谱写出一幕幕或悲或喜的篇章。如今，在中国考古工作者近20年的努力之下，中国海域的一段鲜为人知的历史被掀开一角，当它缓缓从海中升起的那一刻，所有人的目光都汇集到了它的身上，它就是宋代沉船“南海一号”。

“南海一号”的生活舱出水了精美的金器、铁器以及船上生活所用的陶罐等，有人就此推测“南海一号”的主人是富有的商人。大小不等的陶罐应为船上的生活用具，用来盛放水和酒的，宋代文献中就曾记载，远洋途中船员们饮酒消遣，可以驱寒和缓解疲劳。这些文物的出现，为复原当时远洋航行中的生活情景提供了可靠的依据。希望在不久的将来，越来越多的海底宝藏可以重见天日，中国的水下考古事业可以进入一个全新的时代。

从“南海一号”打捞上来的宋代汝窑瓷具

⊙古今评说

随着科学技术的进步，人类对海洋的认识也越来越深入。人们逐渐发现，现实中的海洋要比传说中的龙宫富有得多，它简直就是一个巨大的“聚宝盆”，人类不仅可以从中获得陆地上所能获得的一切自然资源，而且还可以得到在陆地上所得不到的宝藏。海洋中的生物多达 20万种以上，仅可供食

波涛汹涌的海洋

用的贝类和虾、蟹等甲壳类约100多种，还有70多种藻类也可食用。海洋生物还是重要的药物资源和工业原料。随着海洋生物化学技术的发展，人们已经发现200多种海藻中含有各种维生素，有近300种海洋生物含有抗癌物质。海水中还含有黄金550万吨，银5500万吨，锌137亿吨，钡27亿吨，钾550亿吨，钙560 万亿吨，镁1767万亿吨……海水真像一个巨大的化学资源宝库，正等着人类去利用和提取。

《山海经》中的海洋生物

⊙拾遗钩沉

在《山海经》的这部著作中，对洪荒年代分布在我国东海岸的海洋部落有着十分生动并充满浪漫色彩的描写。

青铜夔龙尊

说到《山海经》当中描写的海洋生物，就不得不提到其中对龙的描写。《山海经》当中有很多关于龙的记载，如描写夔龙的“东海中有流坡山，入海七千里。其上有兽，状如牛，苍身而无角，一足，出入水则必有风雨，其光如日月，其声如雷，其名曰‘夔’。黄帝得之，以其皮为鼓，橛以雷兽之骨，声闻五百里，以威天下”；描写蛟龙的“鲧死，三岁入腐，剖之以吴刀，化为黄龙”；描写虎蛟的“东五百里曰祷过之山……泿水出焉，而南流注于海。其中有虎蛟，其状鱼身而蛇尾，其音如鸳鸯。食者不肿，可以已痔”。

《山海经》一书中的海洋生物，除了能上天入水的龙之外，还有就是充满故事色彩的怪鱼和兽。赤鱬是山海经当中描写到的一种鱼。“英水出焉，南流注于即翼之泽。其中多赤鱬，其状如鱼而人面，其音如鸳鸯，食之不疥”。根据这一记载，人们对鱬有三种说法，有说是鲵（即娃娃鱼）；有说是美人鱼（即海牛类）；最权威的说法是银方头鱼。至于到底是什么，至今依旧没有一个被大家都认可的说法。旋龟是《山海经》当中的一种怪鱼，在书中有着这样的描写：“怪水出焉，而东流注于宪翼之水。其中多玄龟，其状如龟而鸟首虺尾，其名曰旋龟，其音如判木，佩之不聋，可以为底。”

现世的旋龟——鳄龟

《山海经》当中描写的这一旋龟，已经被确定，是现存于世的“鳄龟”。

蛮蛮可谓是《山海经》当中经常提到的一种鸟兽，一书多次提到的怪兽。“崇吾之山，有鸟焉，其状如凫，而一翼一目，相得乃飞，名曰蛮蛮。”对于这记载，郭璞注：“比翼鸟也，色青赤，不比不能飞，《尔雅》作鹣鹣鸟也。”可见，这里的蛮蛮被看作是一种鸟兽。然而，在写到水兽的时候，《山海经》当中又有着这样的描写：“刚山之尾，洛水出焉，而北流注於河，其中多蛮蛮。其状鼠身而鳖首，其音如吠犬。”在这里，蛮蛮则是一种水兽。

此外，《山海经》当中还描写了一种奇怪的鱼，“英鞮之山，涴水出焉，而北流注于陵羊之泽。是多冉遗之鱼，鱼身蛇首六足，其目如马耳，食之使人不眯，可以御凶”。根据文中的这一记载，凡是吃了这种鱼就可以防御梦魇，佩戴在身边可以防御灾祸。

以上这些，都是《山海经》当中经常出现的奇鱼水兽，也是我们比较熟悉的一些兽类。然而，《山海经》的记载可谓包罗万象，除了以上这些，还有很多水中的生物也被收录在了其中。如，“谯明之山，谯水出焉，西流注于河。其中多何罗之鱼，一首而十身，其音如吠犬，食之已痈”，描写的是何罗鱼；“历虢之水，有师鱼，食之杀人。其即此欤”描写的是师鱼；“又北五百里，曰碣石之山。绳水出焉，而

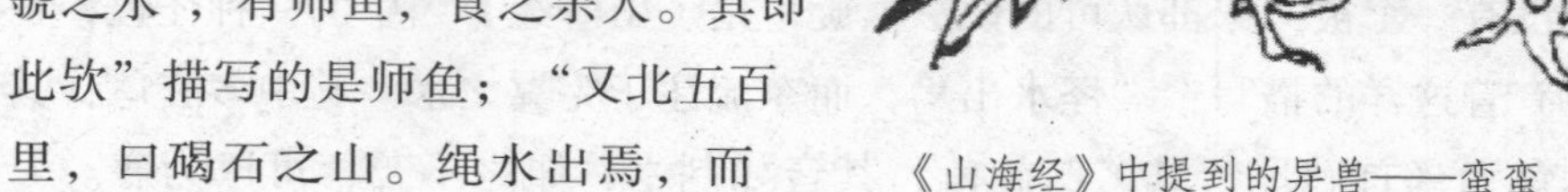

《山海经》中提到的异兽——蛮蛮

东流注于河，其中多蒲夷之鱼。基上有玉，其下多青碧”，当中提到的是蒲夷之鱼；“又东十五里，曰渠猪之山，其上多竹，渠猪之水出焉，而南流注于河。其中是多豪鱼，状如鲔，赤喙尾赤羽，可以已白癣”，句中提到的是豪鱼；“其状如牛，苍色无角，一足能走，出入水即风雨，目光如日月，其声如雷，名曰夔。黄帝杀之，取皮以冒鼓，声闻五百里”则说的是夔牛……

《山海经》中记载的夔牛形象

虽然《山海经》当中描写的这些怪兽和怪鱼有些夸张，但都说明当今人们所熟知的那些海洋动物，大多在古代就已被人们发现。

⊙史实链接

《山海经》在结构上把“山”、“海”并列，并以几乎相同的篇幅分别予以描述，也可证明研究中国海洋文化，其实就是回到中国文化的本源。虽然《山海经》时代的古人表现出对海洋某种程度上的惶恐，但是我们们认为，他们的文化格局中并没有出现“废海主陆”的片面性，而是表现出一种“山海共观”的健康、完美的文化视野。因此从文化本源的角度来说，中国古代早期的海洋文化具有非常厚实的思维底蕴，而且更加难能可贵的是，《山海经》还具有“大海洋”意识，即不但是《海经》，就连《山经》中也包含着丰富的海洋文化信息。

⊙古今评说

《山海经》是我国历史上的第一部神话著作，也是我国第一部关于山川地理的著作。

据考证，《山海经》成书于西汉初年，全书18篇，由山经、海经、荒经三部分组成。这本书是夏商周以来很多先民们地理人文知识集大成之作。

古书著作《山海经》

《山海经》是一部充满着神奇色彩的著作，内容无奇不有，无所不包，蕴藏着丰富的地理学、神话学、民俗学、科学、宗教学、民族学、医学等学科的宝贵资料，它的学术价值涉及多个学科领域，它大量、有序地记载了当时中国的自然地理要素及人文地理的内容，如山系、水文、动物植物、矿藏、国家地理、经济、社会文化风俗等。它用夸张、浪漫和传奇的手法，描绘了我国东海岸海洋部落的生存状态和史前海洋文化的经典之作。

《山海经》中包括了夸父逐日、女娲补天、精卫填海、大禹治水等脍炙人口的远古神话传说和寓言故事，对古代历史、地理、文化、中外交通、民俗、神话等的研究，均有参考价值。其中的矿物记录，是世界上最早的文献。《山海经》对于我们现在了解和研究海洋文化仍具有重要意义。

总之，《山海经》不愧为我国海洋神话的开山之作，中国海洋文化之经典。以此誉之，并不为过！

二、古人与海

海中的潜水高手

⊙拾遗钩沉

居住在深海当中的海洋生物，多是潜水高手；不过，虽然它们生活在同一片水域，但潜水游泳的技术却大不相同。概括来说，长期生活在深海当中的海洋生物的游泳技巧主要有三类：

一是利用体侧肌肉收缩为动力产生波浪运动。这种特征，在黄鳝、鳗鲡等长形鱼体上表现最为明显。黄鳝、鳗鲡体呈圆筒状，体侧肌肉的分布前后比较一致。因此，这个体型非常有利于该种运动方式。当它们开始运动时，身体前端一侧肌肉先收缩，并逐次加大传递到尾端，继而另一侧的肌肉也发生同样的收缩过程。如此，两侧肌肉便会呈现出一张一驰的交替活动，进而整个身体也就形成了波浪式摆动，鱼体的水平移动距离也不断加大。由于肌肉收缩的力是沿着躯体的一侧，从前向后一个个的肌节不断积累而增加的，所以愈到体后收缩力就愈大，进而运动速度也就越快。

二是利用鳍的摆动为动力产生的运动。这种运动方式，在箱鲀的身上体现得最为明显，箱鲀的身体被包进一个骨质箱里，因此就不能够靠躯体的屈曲动作来推动身体，所以运动只能靠露在骨质箱外的鳍来完成。生活在大海当中的鱼，很多都有发达的胸鳍和腹鳍，但主要用于稳定身体和掌握方向，很少用于高速运动。不过，也有特殊情况，如体型平扁的鳐类和魟类，它们的胸鳍和躯体合成

在水里游动的鳗鲡

体盘，胸鳍上下扇动成波浪形运动可使身体前进。旗鱼正是利用这种方式在水中快速前行，并获得速度冠军的称号。旗鱼在辽阔的海域中疾驰如箭，游速最高每小时达120千米，比轮船的速度还要快三四倍。旗鱼在捕食时速度甚至能够到达100多千米每小时，并且能够潜入800米深水下。旗鱼游泳的时候，放下背鳍，以减少阻力；长剑般的吻，将水很快向两旁分开；不断摆动尾柄尾鳍，仿佛船上的推进器；加上它的流线形身躯，发达的肌肉，摆动的力量很大，于是就可以像离弦的箭那样飞速地前进了。

在水中游动的旗鱼

三是靠鳃孔喷水使身体运动，鳃孔最有利于向后喷水，而喷水又在鱼体弯曲以后和向前推进躯干的瞬息之间，所以喷水时能达到最大的运动速度。以这种方式前行的海洋生物，当属乌贼它把这本事练就得最为娴熟。乌贼头部腹面的漏斗，不仅是生殖、排泄、墨汁的出口，也是重要的运动器官。当乌贼身体紧缩时，口袋状身体内的水就能从漏斗口急速喷出，从而使乌贼迅速前进，犹如强弩离弦。

在水中游动的乌贼

不过，以上三种方式都不适合海洋当中的庞然大物——鲸。作为生活在海洋当中的最大的哺乳动物，鲸有着独特的运动方式。现代的鲸有着光滑的皮肤和流线形的体型，硕大的尾部在海水中击起千层巨浪，推动着身体在大海里自由地遨游。运动时，鲸的尾部向上移动，水由上方向下移到尾鳍下面，产生乱流，在尾端形成3个漩涡；当尾鳍向上拍击时，尾鳍下方就会瞬间产生一个低压区，使尾部下弯，水由头和身体表面向后拉，这样一来，鲸向前向下移动以抵挡前鳍的水平作用。以这种方式潜水游泳的主要有鲸和海豚等生活在海中的哺乳类动物。

以这种本领运动的鲸，当属抹香鲸最为娴熟。抹香鲸在所有鲸类中潜得最深、最久，因此号称为动物王国中的“潜水冠军”。抹香鲸有一个十分巨大，几乎占体长1/4的方形头部，上颚无齿，圆锥形的牙齿仅生长在下颚。雌雄个体的差异十分明显，成熟雌鲸的体长只有雄鲸的一半，体重也只有雄鲸的1/3左右。与身躯比较，抹香鲸的头部显得不成比例的大，具有动物界中最大的脑，而尾部却显得既轻又小，这使得抹香鲸的身躯好似一只大蝌蚪。它是世界上深水海域中顶尖的潜水高手，因为它的肺部胸腔肋骨具有特殊的弹性构造，在下潜水压增加时可以塌陷，保留空气在肺和呼吸道中，等待浮上水面时再膨胀充气入肺，因此能轻易地下潜至2000公尺深的海底觅食，更可以连续憋气长达90分钟。

既然提到潜水高手，就不得不提生活在海洋当中的其他兽类，比如海豚、海豹等。虽然生活在海洋当中的其他兽类也是哺乳动物，但它们的游泳方式和鲸有着天壤之别。至于大多数陆地上的哺乳动物理论上都具备游泳的本能，其中就包括犬类、灵长类动物和猫科动物等。猫科动物天生都会游泳，只是水平有高有低。哺乳动物中，天生不会游泳的大概只有人类和少数种类的猿猴，人类必须通过学习才会游泳。

在海中畅游的抹香鲸

例如老虎就十分喜欢在水里泡着，尤其是对于生活在热带、亚热带地区的虎就更是如此，水能够有效降低过热的体温，所以每当追逐猎物的剧烈活动后，老虎往往先要泡一个澡，休息一会儿之后才开始进食。因为兽类大部分时间生活在陆地，因此并没有进化出像箱鲀一样的鳍，也没有像鳗鲡一样的身躯。因此，兽类在潜水时多靠四肢。这一点，十分接近今天人类在水中的潜水技巧。游泳时，兽类会用四肢向后方摆动，进而给身体一个前进的力，帮助其前行。

在以这种方式潜水的兽类当中，鸭嘴兽堪称冠军。鸭嘴兽的大多时间都在水里，是一个十足的潜水能手。它的皮毛油滑，能保持身体在较冷的水中仍保持温暖。潜水时，鸭嘴兽用前肢蹼足划水，靠后肢掌握方向，然后前行。

⊙史实链接

根据现在史料的考证，国内外普遍认为，古代人游泳最早产生于居住在江、河、湖、海一带。他们为了生存，必然要在水中捕捉水鸟和鱼类作食物，通过观察和模仿鱼类、青蛙等动物在水中游动的动作，逐渐学会了游泳。蛙泳就是一种模仿青蛙游泳动作的游泳姿势，也是最古老的一种泳姿。

⊙古今评说

21世纪是海洋的世纪，海洋开发对于人类的生存和发展带来新的机遇和挑战。研究善于游泳的动物，对于我国海洋的探索与开发具有重要意义。

水中神游的蛙人

⊙拾遗钩沉

《列子·说符》中有这样一则对话："白公问曰：'若以石投水，何如？'孔子曰：'吴之善没者能取之'。"这里的"善没者"，就是指擅长潜泳的人。孔子说把石子扔进水里，善于潜泳的人就能把它捞上来。这也说明潜泳的主要功能就是捞取水中之物。潜泳是身体在水下，不做呼吸游进的泳姿，主要采取蛙式潜泳。实际上，孔子也是游泳爱好者，他从少年时期学会游泳起，一直坚持到古稀之年。据说，孔子格外喜欢逆游，即逆水而上。他说，这样游不但可以锻炼身体，而且还可以锻炼人的意志，培养吃苦耐劳的精神。

周处除三害图

战国时期的《晏子春秋》也有记载，有一位擅长潜泳的勇士，名叫古治子的，潜入水中杀死了蛟龙。同样，西晋时期，有一位青年叫周处，是鄱阳太守周鲂之子。周处年少时纵情肆欲，为祸乡里，众人将其与蛟龙和老虎视为三害。后周处将蛟龙和老虎都杀死了，却发现乡亲们以为自己死了，互相庆贺。周处经贤人指点，便改过自新，造福百姓。人说浪子回头金不换，周处的事迹也不失为一段佳话。晋书卷五十八这么记载："投水搏蛟，蛟或沉或浮，行数十里，而处与之俱，经三日三夜，杀蛟而返。"

较早组织大规模活动潜泳的，当数秦始皇。据《史记·秦始皇本纪》载，秦始皇巡游归来经过彭城，斋戒祷祠，"欲出周鼎泗水，使千人没水求之"，秦始皇一声令下，上千人噼里啪啦地跳下河，潜入水中四处搜索，场面可谓壮观。

《因语录》记载唐代一个叫曹赞的人，跳水技艺精湛，"百尺樯上不解衣服投身而下，正坐水面，若在茵席"，穿着衣服能从百尺桅杆跳入水中，坐于水面，像坐在席子上一样，丝毫不起水花。这样的技巧，可能夸张了些，但是想必事实也是令人叹为观止的。

类似的情节在小说中也屡有出现，如《水浒传》中曾经描写朝廷屡次征讨水泊梁山，均以失败告终。太尉高俅为了彻底荡平梁山，建造了数艘庞大的战船，驶入水泊。结果，打鱼出身的阮氏兄弟等梁山好汉的潜泳技能非常出色，把朝廷的战船凿沉，高俅也束手被擒。

游泳在我国古代是一项很常见的娱乐体育活动。唐代诗人李益有一首著名的五言诗："嫁与瞿塘贾，朝朝误妾期。早知潮有汛，嫁与弄潮儿。"一女子嫁给富商为妻，看着大江里面游泳的少年们，感叹自己命运不济，嫁错了郎君。

宋代钱塘江大潮"际天而来，大声如雷霆，震撼激射，吞天沃日"，"弄潮儿"却能大显身手，"吴儿善泅者数百，手持十幅大彩旗，溯迎而上，出没于鲸波万仞之中，腾身百变，而旗尾略不沾湿"。"长忆观潮，满郭人争江上望……弄潮儿向涛头立，手把红旗旗不湿，别来几回梦中看，梦觉心尚寒。"这是北宋词人潘阆观潮后留下的深刻印象。

宋代还有一种跳水活动叫“水秋千”，这种活动非常惊险。《东京梦华录》记载过一个高手的表演，“(画船)上立秋千……一人上蹴秋千，将平架，筋斗置身入水”，彩船立着高高秋千，一个人登上秋千，高高荡起，当身体与秋千的横架接近平衡时，突然从秋千上腾空而起，翻越筋斗，跳入水中。这样高超的技艺，恐怕今天的跳水健将们看了之后也会非常惊讶的。不过可惜的是，这样的高手并没有留下姓名。虽然当时他们只是些市井中人，但放在今天，估计也是菲尔普斯、索普一类高手了。

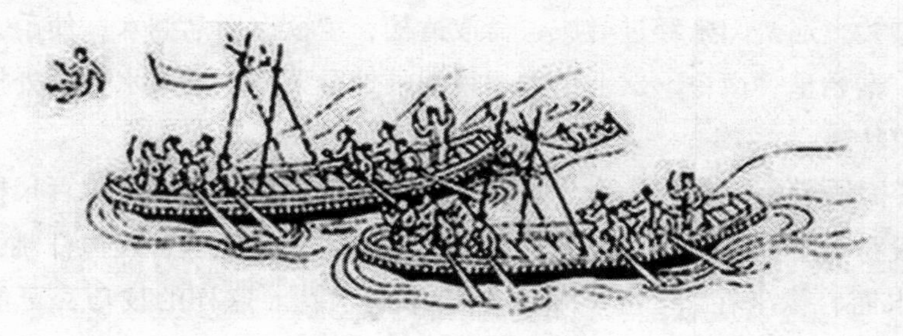

宋代水秋千图

⊙史实链接

水中物产丰富，比如海参、珠蚌等，擅长潜泳的人就能将这些东西捞上来，然后用这些东西换取财物。据史书记载，在广西合浦有珠池，珠池里的合浦珍珠异常珍贵。只是想要获取珍珠，需要潜到海下很深的地方。不少擅长潜泳的人为了获得财富，便冒着生命危险潜入深海捞珠。在中国沿海，还有一种被称为“海碰子”的人，他们的工作就是趁落潮时潜入海中采集海

潜海的蛙人

参、海贝等物。

⊙古今评说

我们现在通常说的蛙人，就是担负着水下侦察、爆破和执行特殊作战任务的部队。因他们携带的装备中有形似青蛙脚形状的游泳工具，所以称之为“蛙人”。他们是长时间在水下游动而戴着面罩、备有脚蹼、橡皮衣、氧气筒等担负特殊任务的两栖部队。

游泳的起源

⊙拾遗钩沉

早在远古时期，先民们为了能安全地从水中获取食物，便开始模仿、练习水中动物的游泳动作，久而久之就学会了游泳。我国古代称游泳为“游术”。《淮南子·诠言训》云：“渡水而无游数(数通术)，虽强必沉；有游数，虽羸必遂。”先民们最开始学游泳的时候，为了避免溺水丧生，通常都借助于一种漂浮物。

游泳在我国古代很早就出现了。相传在大禹治水的时候，人们在与洪水的搏斗中就已经发明了很多游泳的方法。

原始社会生产力低下，生活条件艰苦，促使人们增强体力，并提高智力。人们发展了走、跑、跳、爬、游、投等技能，游泳就是在社会发展过程中和人类劳动过程中的产物，在征服自然和改造自然界的斗争中应运而生的。

我国人民古老的居住区，集中在黄河中游和下游各地，气候温润，土壤肥沃，农业经济很早便取得了不错的发展。在组织农业经济时期，先民们要建立人工灌溉系统，把河水分配给全流域，还必须治理黄河，防止河水泛滥的侵害。

据史书记载，中国古代殷商社会时期，古人生活在黄河下游大平原上，这一带在上古时候水很多，《礼记·祭法》说：“冥勒其官而水死。”冥是殷代的先公，可见殷人也有同水斗争的历史。

氏族社会末期的夏代，人跟水作斗争的故事传说就更多了。水有利有弊，水能灌溉良田，也能冲毁房屋危及生命。从先民们开始定居起，便开始恐惧洪水灾害，积累了很多跟洪水作斗争的经验。

在古代部落中，共工氏是最早以通晓水性而闻名的。因为世代同河水斗争经验丰富，他们以水为图腾，设立许多官职都以水为名，他们用水作氏族间斗争的武器，“乘天势，以隘制天下”，于是便“天顺西北，地陷东南”了。人们在古代和水就有着很密切的关系。公元前2550年，在关于黄帝与蚩尤斗争的神话中，记述着这位古代帝王怎样把旱路女神从天上召下来对洪水进行斗争。

大禹治水图

公元前2140年，夏是氏族中治水经验比较丰富的，领导治水的人是鲧、禹父子。孟子说：“当尧之时，水逆行泛滥于中国，蛇龙居之，民无所定，下者为巢，上者为营窟。”书曰：“藏水警余，浇水者洪水也，使禹治之。”禹率众挖深了河床，尽力改善河流。他开凿了山岩，甚至用神话中的“息土”巩固了河岸，大禹因此受到了众人的爱戴，他被推为国王，并建立了夏朝。

与水相关的古代传说中，不仅反映了水对于我国农业经济发展的重大意义，也反映了我们的祖先面对黄河泛滥所进行的不屈不挠的斗争。如鲧治水的方法是作堤坝，用土垒成很高的堤。禹治水的时候，吸取了共工氏和鲧的惨痛教训，改用疏导的方法，利用“水就下”的本性，使水在地中行。从流传于民间的狗刨式、大爬式、扎猛子等推断，当时已有相似动作的古老游泳方式。

夏朝时，人们还开始制造沐浴的器具，可见当时人们不仅经常洗浴，并且对洗浴的地点也从自然河流中移到了室内。古时人们已知“浴”。“浴”乃指用水洗身体，而皇室内外，每五天就要洗一次澡并有浴室，主要是清洁身体，沐浴于德。到了春秋战国以后，洗浴已成了很普及的事情，并且已形成习惯。当时人们到河水中去洗浴是很方便

古代沐浴时所用的银沐盘

的。而从洗澡发展为“泅水”是有其理由和可能的。这与古罗马、埃及、亚述的传说中游泳起源于“沐浴”是一致的。

从上面各类史书各家的笔述中，我们可以知道在原始社会中已有了渔猎生活，进入封建社会以后，渔猎生产得到进一步发展，而作为渔猎生产不可缺少的泅水也随之不断改进。

⊙史实链接

所谓“水行曰涉，逆流而上曰泝洄，顺流而下曰泝游，亦曰蚣流，以衣涉水曰属，由膝以下为揭，由膝以上为涉，潜行水下为泳”，以及发展到“水行不避统龙”的较高技术水平，证明泅泳在当时的渔猎生活中已成为一种不可缺少的基本手段。

我们的祖先栖居于黄河中下游和靠近水域，由于自然灾害的影响，他们为获取生活资料，在战胜自然的斗争中，逐渐学会驾驭水的泅水方法和泅泳技术，我们姑且称之为中国古代较早的自由泳吧。

⊙古今评说

我国的海域辽阔，海岸线漫长。我国拥有无数条江河湖泊，可以说这为我国人民的游泳提供了得天独厚的条件。

泅水是人类掌握的基本技能

有关游泳的起源，我国一直都没有准确的记载，不过可以确定的是，游泳跟其他事物一样，是人类在跟自然界的斗争中，通过劳动生产产生的。游泳的起源对于我们之后对海洋的研究和开发具有重要意义。

游泳在战争中的运用

⊙拾遗钩沉

据史料记载，早在氏族社会末期，共工氏等就用水作为氏族间斗争的手段。进入封建社会后，各国建立水军、楼船军，如《武经总要》言：周师攻吴寿州，吴人大发楼船蔽川而下，泊于濠徊，周师颇不利，张永德使习水者没其船下，系以铁链，急行轻舟事之，吴人船不得进退，溺者甚众，于巨舰数十，永德解金带赏习水者。

古时楼船军的楼船

公元前482年，吴王夫差两次被齐国打败，这时越王勾践乘虚攻入吴国，越水师自海道入淮绝吴归路，雪耻复越。

淮南兵围苏州，吴越王镠造钱镠镖等救之，苏州有水通城中，淮南军张网缀铃悬水中，鱼鳖过皆知之，吴越司马福因潜行入城，故以竿触网，敌闻铃声举网。福因得过入城，繇知城中号令与援兵相应。敌以为神。

《六韬奇兵篇》所说："奇技者，越深水渡江河者也。"而吴、越有楼船车和习流君子之军，以习水善泳者充之。

秦汉以后，在一些史书中有关修建训练基地，建设和教习水军设立官衔的记述就更多了。

伏波将军路博德像

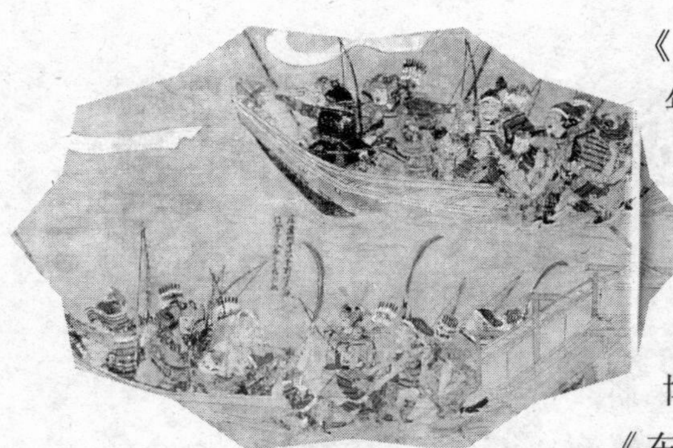

元朝水军征战图

《汉书》中记有："武帝元狩三年，辛酉帝欲浅昆吾，因教习水战作昆明池……"并设有"伏波将军"（在环济要略中日伏波，船涉江海迁浪伏息也）。书中仍记有武帝元鼎五年，以路博德为伏波将军，代南越吕嘉。《东观汉记》中："光武以马援为伏彼将军"，书中还记有："贾宗字武孺为长水校尉。"所谓长水校尉乃长于水战用船之事务者。水战已成为当时有利于作战取胜的手段之一。吴王夫差为了进攻齐国，征调大批军民，在现在的扬州附近开凿运河，以便从水路攻打齐国。而秦汉以后形成了全国统一的形势，水军用船的制造就有了更大的发展，如用于水军的有楼船、戈船、桥舡等。

唐宋以后，在军队中设立水军，训练水军又得到进一步发展。"在行军中遇有大河不能游渡时，使用扶絙（飞絙，以善水者系小绳先浮渡水，次引大絙于两岸立大橛，急定絙使人挟絙浮渡大军，可为数十道。"（引自《太平御览》）

到了元朝，训练水军的方法又有了新的改进，如《元世本记》中记有："元世祖欲出征日本，征募水手，由于江淮人皆能游泳而不录用，恐其逃逸而以囚徒为水手，以征日本。"从中再次证明了江淮一带的黎民百姓是通习水性的。到了明清以后，对水军的选择也极其慎重，如记哉中有："……水战非乡兵所惯，为沙民所宜，盖沙民生长海滨，习知水性，出入风涛如覆平地……"

⊙史实链接

宋朝在训练水军中有一段有趣的记述：宋赵善湘知镇江，教浮水军五百人，常以黄金沉江使探得者辄予之，于是水性极精炼，能水底数里。这是当时训练水军掌握游泳和提高水性的一种新颖的方法。在打仗中利用游泳传递情报的事情也比较常见。“宋张贵入襄阳，吕文焕因留共守，贵持其骁勇却还郢，乃募二士能伏水中数日不食，使持蜡书越郢求援，元兵增守益密，水路连锁数十里，列撒星椿，虽鱼虾不得渡，二人迁椿即断之，竟达郢还报。”这些记述反映了当时用游泳泅渡传递情报在军事中所起的作用。

宋代赵善湘

⊙古今评说

游泳除了在生产中被广泛采用，也成了不可或缺的生存手段。随着古时国家的出现，各国之间发生战争，除了战车、士兵和兵器之外，水也作为战争的手段之一。利用泅泳潜行破坏敌人的防守，用泅泳配合陆上步兵和骑兵作战达到胜利。游泳在封建割据中被各国利用来作为训练水军的重要手段。自古以来游泳在军队中就占有极重要的位置，被统治者用来作为克敌制胜的重要手段。

游泳在生产劳动中的作用

⊙拾遗钩沉

早在春秋战国时期，便有探骊得珠的故事。庄子曰："河上有家贫持纬萧而食者，其子没于渊，得千金之珠，其父谓其子曰……千金之珠。必在兀重之渊，而骊龙颌下，子能得珠者，必遭其睡也。"

公元265~420年间，有了专门从事采珠的行业。在《晋书》中有："合浦郡，百姓谁以采珠为业！"唐元慎写有《采珠行》。

《晏子谏下篇》中有记载："古治子曰，吾尝从君济于河，御左骖以入砥柱之流，当是时也，冶少不能游，潜行，逆流百步顺流九里，得重而杀之。"《吾书》邓狱传中记载："遐遂拔剑入水，蛟绕其足，遐挥剑截蛟数段而出……。"

宋代大诗人——苏东坡

公元960~1279年，宋朝大诗人苏东坡记有："南方多没人日与水居也，七岁而能涉，十岁而能浮，十五岁而能没矣，夫没者岂苟然哉，必将有得于水之道者，日与水居则十五而得其道。"不难看出，当时住在水边的人们都已经掌握了游泳的技术，很多人以水性好为荣。

到了公元907~960年间，朝廷设有专门的官吏来统治管理采珠工作。五代时，"刘长于海门镇募兵，能采珠者二千人，媚川都，凡采珠者必以绳索系石被于体而没焉，深者至五百尺，溺死者甚多，后废朱箴复置客州海者，大明洪武三十五年，差内官于广东布政司，起取蜒户采珠。弘治七年差太监一员看守，广东廉州府杨梅青莺平江三处珠池兼巡捕琼二府，并带管永安珠池”。

古书《天工开物》

在明朝时，《天工开物》较有：“……蜒户采珠，每岁必以三月时，牲杀祭海神，极其虔敬。蜒坐啖海腥，入水能视水色，知蛟龙所在，则不敢侵犯……舟中以长绳系没人腰，携篮投水，凡没人锡造湾环空其共本铁处对掩没人口鼻，令舒透呼吸于中，别以熟皮包络耳项之际，极深者至四五百尺，拾蚌篮中，气逼则撼绳，其上急提引上，无命者或葬鱼腹，凡没人出水煮热毳急覆之，缓则寒栗。”

不难看出，当时的封建帝王已经大量开采珍珠，但这也让沿海的渔民们增加了溺水身亡的危险。凡入水采珠者，必须通习水性和潜泳之术，技术较差的采珠者必须用绳索缚石并拴住身体，投入水底采集珠贝，采珠时间一长，常常来不及出水便气绝身亡，其中也不乏被海中鲨鱼等吃掉的。

⊙史实链接

古代很多人以水性好为荣，视入水杀蛟者为英雄。孔子能令其门徒与之并流而救溺，也可谓技术不凡，从其在河的下游上岸后被发咏而归的潇洒诗意描述，也可知其水性是很高超的了。

现场开采出的珍珠

我国两千多年之前，便已经有了潜入水中采珍珠的生产操作。随着原始社会的瓦解，国家的出现和文化教育的发展，人们生活的不断改进提高，历代帝王都派有“采珠太监”和和官吏监督渔民开采珍珠，选择精品运回宫室。

⊙古今评说

据现代研究表示，人在游泳时，水对肌肤、汗腺、脂肪腺的冲刷，起到了很好的按摩作用，促进了血液循环，使皮肤光滑有弹性。此外，在水中运动时，大大减少了汗液中盐分对皮肤的刺激。人在游泳过程中，可以增强心肌功能，增强抵抗力，还能起到减肥健美的作用等。

正在游泳的人

游泳在民间游戏娱乐中的发展

⊙拾遗钩沉

古时人的游泳大多都是从沐浴开始，然后在水中嬉戏，之后逐渐演变成了游泳，再之后又产生了潜水。人们以农历三月初三日为上巳，也称沐浴日，这天以水祓除宿垢，清除不祥，故又称“祓禊”。《后汉书》礼仪志中记有：“三月上巳官民皆洁于东流水上曰洗濯。”《元氏报庭记》中记述：“每遇上巳日今诸嫔妃祓于内园迎祥事漾碧池……池之旁一潭曰香泉潭，至此日则积香水以注于池，池中又置温玉狻猊白晶鹿红石马等物，嫔妃浴澡之余。则骑以为嬉，或执兰蕙或击、球筑，谓之水上迎祥之乐。”

游泳的形成跟沐浴有非常密切的关系，同时，游泳和划船竞渡也是分不开的。宋史《礼志》中有：“太宗淳化三年三月，幸金明池命为竞渡之戏，掷银瓯于波间，令人泅波取之，因御船奏教坊乐，岸上都人纵观者万

水中嬉戏

计……”还记有：“尔期惟仲夏节次端午，则大魁分曹，决胜河浒，饰画舸以争丽，建彩标而竞取……于溟渤掇弄以潜骇恒游泳而下逸……”这是说在划船竞渡时，投掷银瓯于水中，由擅长游泳的人如水中捞出来，另一段则是说划船时有人顺流游比动作很惊险。

再如：“洪州优胡曹赞者，长近八尺，知书而多慧，凡诸谐戏，曲尽其能、又善为水嬉，百尺樯上不解衣，投身而下，正坐水面，若在茵席，又于水上粹而浮，或令人以囊盛之，系其囊口，浮于水上，自解其系。至于回旋出没，变易千状，见者目骇神竦，莫能测之，恐他有术致之，不尔真轻生也。”意思是说洪州有一个叫胡曹的戏曲艺人，他能从很高的船舶上跳到水中。他游泳的姿势就好像是坐在平地上一样。他叫人把他装在口袋里系上袋口，扔在水中，结果他能解开钻了出来，这些举动着实让常人为他捏一把汗，因为换做别人，必死无疑。

《东京梦华录》中有：“……又有两画船，上立秋千，船尾百戏人上竿，左右军院虞候监教鼓笛相和，又一人上蹴秋千，将平架筋斗掷身入水，谓之水秋千了。”

自水上秋千开始在民间盛行，宫廷贵族也逐渐把它作为一种娱乐消遣的方式。如宋朝王珪有一首宫词中写道：“内宫稀见水秋千，争率珠帘帐殿前，第一锦标谁夺得，右军输却小龙船。”

更为高超的表现游泳技巧者，就要数“弄湖”之戏。在《武林旧事》中有：“……每岁京尹出浙江亭教阅水军，艨艟数百，分列两岸，既而尽奔腾分合五阵之势，并有乘骑弄旗，标枪舞刀于水面者，如覆平地，倏尔黄烟四起，人物略不相觑，水爆轰震，声如崩山。烟消波静，则一舸无迹，仅有敌船为火所焚，随波而逝。吴儿善泅者数百，皆披发纹身，手持十幅大彩旗，争先鼓勇，溯迎而上，出没于鲸波万仞中，腾身百

宋朝王珪

变．而旗尾略不沾湿。以此夸能，而豪民贵宦，争赏银彩。”

在《梦粱录》中则有：“……其杭人有一等无赖，不惜生命之徒，以大彩旗或小清凉撒，红绿小撒口，各系绣包缎子满竿，伺潮出海门，百十为群，执旗泅水而上。以迓子胥弄潮之戏或有手脚执五小旗，浮潮头而戏弄……”

上述我们可以了解到，当时钱塘江潮水上涨的时候，除了教习水军操练，还有民间的各种形式的水上表演和娱乐活动。凡参加弄潮百戏之人都是会泅水或熟习水性的渔夫舟子，而其中执旗踏浪较今日的踩水泅渡尤难，从“百十为群”“执旗泅水而上”的阵势来看，类似今日的花样游泳中的集体项目表演。

⊙史实链接

我国女性开始游泳的记载也非常悠久。《诗经》中所写的汉水中的“游女”就是一例；我们还可以从公元386~534年北魏时期的一幅壁画中看到，游泳已成为一种水中游戏，从图中央可以看到四个裸体妇女正在进行水浴或水中游戏。这些都表明当时女子游泳并不罕见。

北魏时期弄潮游泳图残画

公元426~589年间，《南史》周文育传中有：“文育年十一，能反复游水中数里，跳高六尺，与群儿聚戏，众莫能及。”不难看出，当时不仅成年人喜欢游泳，儿童之中也非常盛行。

⊙古今评说

古时人们将游泳用于娱乐、游戏之中是很早的。自南宋以后，游泳在儿童和成年人之间盛行，在民间和皇室中已广泛流传，专门从事泅泳技艺的善泳者，把民间流传的泅泳技艺加以充实，提高发展为水上秋千，持旗踏浪弄潮之戏，技巧非同一般。

总之，游泳在我国有着悠久的历史，流传范围很广，无论是在与水的斗争中，在渔猎生活中，在军事训练中，在战争中，在民间娱乐活动中，在宫廷表演中，在采集珍珠的生产中，都产生了一定的形式和表演方法。

三百多年前的潜水服与现在基本无异

⊙拾遗钩沉

清代有一部记载潜水服的译作《水衣全论》，说明人类的水下冒险早就开始了。此书由英国人傅兰雅口译，清朝无锡人徐寿笔述，大约在光绪27年(1901年)开始流传。这本不到8000字的著作，分为“入水源流、恒格兑非斯入水衣之法、管理前活门之法、水衣全套之物件、另备之物”等八个部分。

“入水源流”部分简单概述了人类探索海底世界的艰难历程。“西国初兴通商贸易之事，尚无指南针，故行船不敢离岸甚远。设有船沉没，亦不难入水取物。但必常常出水吸气。以致水内工作甚少，所以必设器具，方能久在水内呼吸，即可工作甚多。”“约在一千五百年时，创制泳气钟。人在此锺之内入水工作。或云自古以来能知此法。即如古之希腊人，名阿里斯托托，著书曾言：当时之入水者，用器如水壶，能久在水底。又有英国格致家名培根，约在一千二百年时，制器令人在水底工作，或即疑为泳气钟。”所谓的“泳气钟”，据记载“其器系水壶之形”，这在当时十分新奇，使用时常引起轰动，万人空巷，“一千五百三十八年，西班牙国拖里陀地方有希腊人两名，在国王之前，用器入水。旁观者有万余人”。这说明可能在中国的宋元时分，国外已出现潜水服，明朝时已投入使用。

此书还说：“另有法能穿甲入水工作，比用水壶更好。其图人在水内，头上有套与泳气钟略同。”书中还写到穿甲入水之法：“入水之人头上戴大帽，并有长皮管通出水面。”“一千六百六十九年，有

根据《水衣全论》制造出的潜水衣

早期发明的潜水服

人名布来里，用红铜套颈约二尺套在人头，面前镶玻璃片，又用山羊皮做衣服，与人身同形，身上带抽气筒能通入铜套内，并有管自套通入空气，脚上有薄皮如鸭掌，便于水内行走并出水”，而且“入水有绳，便于拉记号”。不难看出，300年前的潜水服与现在的潜水服其实并没有什么太大的区别。

战争与财富驱使人类到水下去冒险。在潜水服发明之后，其功能不断扩大，舰船的底部清理，岸边设施的维修，水下救援，甚至矿山煤窑等都离不开“水衣”，水下考古自然也是如此。

《水衣全论》中还记载了人类是怎样改进技术，并如何走到海底更深的地方，能更长时间地呆在海里。人类最初不用器具最长仅能在浅水中呆上六七分钟，“考究人体之理者，始知人身在水内之时刻再不能多于前数矣”。人类逐步认识到，“人在水内时刻甚长者，如真有其事，必用法与器”。书中记载一个荷兰人能在水中呆上十五分钟，这已经超过人类极限了。经过无数次改进，到了1716年，采用一管进气，一管出气的方法深入海下，“十二尺至十五尺深者可用此法，更深至十八尺以外，此法难用。因水之压力渐大，人身不能当”。使用潜水器“又入水七十二尺，但难受水中压力”。

人们为怎样才能在水中呆的时间更长，可以说是大费苦心。“当年又有人名西门子，在英之南疆做器如小船，请众人看入水之事，沉至河底待三刻之久而出，亦不受害。”到了1786年，英国人使用“泳气钟”已经“能居水底八点钟至十点钟”。法国化学家派尔那“欲以化学之法令人呼出之气变好，不必水面上空气相同”，这也许就是最早的压缩空气。

当然，要想取得成就，就必须付出沉重代价。此书中就有失败的记录。常有“不合用”、“不可用”、“心亦糊涂，鼻与耳皆欲流血”、“不知其人如何”的字眼。

此外还有一条记载涉及中国："一千八百三十七年，英国兵船吞大触石受大伤，即驶至沙滩免其沉没。已酌定将其船上之物料送至岸上，而将船壳拆开，偶忆有入水衣在船内，木匠即著而入水，二十分时修好其孔。当时其船在一百二十尺深之水面修理，而开往中国。如无此水衣，定必沉没。"由此可见水衣的重要性。

古代时的潜水

据历史记载，我国早在2700年以前的周代（公元前10世纪到公元前2世纪）就已经有潜水捕捞的技术，这是人类历史上有关潜水和潜水技术的最早记录。

当时的人们都是赤裸身体潜入水中的，水下工作的好坏，完全取决于潜水员的体力和耐力。虽然他们屏住呼吸可以钻入几米水深的地方呆上2～3分钟，但能做的事情就少之又少了。

这种屏住呼吸的方法在我国历史上延续了很久，直到明代，潜水技术才有较大的改进，出现了简单的潜水工具。公元1637年出版《天工开物》中，叙述当时潜水是用长绳系在潜水员的腰上，再用锡做的环形空管罩在鼻子上，潜水员通过这个管子呼吸，当他在水下憋气时就拉动绳子，水面上的伙伴马上把他提出水面，并用热毛毯之类的东西盖在他身上，以防冻伤。

现代的潜水技术

⊙史实链接

人类经历了几千年的时间，克服了种种障碍，最终能在水下漫游。潜水技术在整个世界范围内都发展十分缓慢，大体上经历了裸潜、通气管潜水、重潜水、轻潜水、饱和潜水几个阶段。

在古代，居住在海边的人们为了获取海产品，常常要赤身、屏气、不采用任何装具潜入水中，然后回到海面换气休息，这种潜水方法叫做裸潜。我国南方现在很多沿海的人们仍然在采用这种方式。现在，世界上竞技潜水的最高纪录已经高达101米。

⊙古今评说

从《水衣全论》的记载可以看出，我国的早期潜水和潜水技术不仅历史悠久，而且还有不少的创造，为人类的文明做出了贡献。

三、深海幽灵潜艇

6603常规潜艇

⊙拾遗钩沉

中国的海防力量在20世纪50年代初期几乎空白，因此首先要做的就是在数千千米的沿海建立强大的防御体系。当时大陆沿海的很多岛屿仍然被国民党军队占领，这些岛屿都是大陆非常重要的出海口。

原国民党海军排水量最大的战舰

1950年，我国跟前苏联刚刚开始洽谈引进舰艇及建造技术问题。1950年8月，海军在北京召开建军会议，确定了“以现有力量为基础，重点发展海军航空兵、潜艇和鱼雷快艇等新力量，逐步建设一支强大的海军”的建军方针，而且决定优先建设潜艇部队。

613型潜艇是中型潜艇，水下排水量为1350吨，水面排水量为1050吨，这样一个长75.2米、型宽6.3米、型深4.9米的庞然大物全部动力是2台2000马力的37Д型12缸柴油机、2台主推进电机和2台经济航行电机。每台主推进电机功率约1250马力，每台ИГ-103型直流经济航行电机功率为150千瓦，主推进电机通过离合器和变速箱与柴油机联轴。采用电机推进高速航行时，离合器分离主推进电机和柴油机的连接。

“重庆号”巡洋舰

613型潜艇是第一种安装经济航行电机的前苏联潜艇，经济航行电机主要用于潜艇低速和极低速航行的动力，这种潜航状态下，潜艇航行噪声远远低于浅海背景噪声，因此很难被探测到。前苏联海军潜艇需要考虑在有西方强大的反潜兵力警戒的海区活动，当时主推进电机无法将噪声降到海洋背景噪声水平以下，只能设法安装经济航行电机，采取极低速航行方式。双轴潜艇的最大优势是极低速航行的可操纵性。潜艇在低于3节以下航行，舵效很低，导致灵敏性、操纵性降低，单桨潜艇转弯半径达几千米，根本没有办法进行有效活动，而双桨潜艇能够控制推进电机两侧转速差，在1节以下航速也能灵活转向，且噪声很低。为降低机械噪声，经济航行电机通过皮带传动，在小功率低速情况下，皮带传动可以满足输出功率，而且不会因高速高温而烧毁皮带。推进电机由分布在前后电池舱的112块蓄电池供电。当主电机全部依靠电池供电时，能够以13.1节航速潜航13.35海里，而利用经济航行电机以2节航速潜航时，续航能力达335小时。坐底潜伏最长时间可达200小时。这种指标在20世纪40年代属正常水平。6603型潜艇完全照搬了这些设计，在之后的30年当中都没有什么变动。

613型潜艇在水面航行和充电状态时使用内燃机，水下通气管状态航行也使用内燃机，航行必须限速，不然通气管供气就会不足，柴油机组消耗艇内空气，造成一氧化碳浓中毒的情况。60年代初期，前苏联潜艇在日本海进行水下通气管航行时，因供气不足就发生过这类事故。为减小机械振动噪声，推进电动机组和柴油机组安装在弹性基座上，但是其消声效果有限。613型潜艇动力采用的是第二次世界大战的传统模式，柴油机直接通过离合器和变速箱带动推进电机，在充电状态时，柴油机不仅是推进动力，也是充电能源，此时推进电机工作在发电机状态。当采用电机航行时，离合器将柴油机和电机连接分离，蓄电池向电机供电。

停泊在港口的前苏联613型潜艇

独立连轴的电机和柴油机会给使用上造成诸多不便，前苏联设计部门通过倒换驱动供电电路来解决这个问题。当一侧柴油机发生故障时，另外一侧的柴油机无法与该侧电机进行机械连轴，此时使一侧采用柴油机推进和发电，将故障侧的电机与柴油机的离合器脱开，只采用电机推进。事实上这种情况很难平衡2个螺旋桨的转速，前苏联设计了专门的转速调节电路，使电机驱动跟随柴油机驱动的转速变化。这在50年代已经不是最好的解决方案，却能够弥补动力结构造成的缺陷。

⊙史实链接

1951年4月20日，中国海军首批275名潜艇受训人员进入驻旅顺的红旗太平洋舰队潜艇分队学习。1953年6月4日，中国政府与前苏联签订了“海军订货协定”，前苏联有偿向中国转让战后设计的新型613型潜艇建造许可证，提供全套散件器材和图纸资料。上海江南造船厂开始采用前苏联提供的设备和散件开始组装建造613型，国内称为6603型潜艇。

我国6603型常规潜艇

⊙古今评说

6603型潜艇航行噪声大，艇内空间狭小，难以安装现代化的作战系统。水面最高航速只有18节，潜航最高为14节，甚至低于70年代以后建造的大型民用船只，执行封锁作战任务已经很难，更不用说与现代战舰作战了。保留这种庞大且性能不佳的老式潜艇，对于当时的我军来说确实是非常沉重的负担。尽管这种潜艇在中国海军发展和国产设备研制历史上具有极其重要的地位，但在80年代初期海军还是决定开始逐步退役和封存。现在我军已经全部淘汰了这种老式潜艇。

03型常规潜艇

⊙拾遗钩沉

1946年，也就是第二次世界大战结束不久，苏联作出了前苏联海军的发展计划。在这份计划当中，制定了两个关于潜艇的规划工程，分别是“611计划”，“613计划”。

“611计划”主要是建造远洋型柴电潜艇，“613计划”则是建造中程潜艇。随后又出炉了“612计划”即将“613计划”中的一部分设计潜艇改为近海潜艇。

1946年，前苏联批准了613型的设计要求计划书，预先研制阶段的总设计师为B·H·别列古多夫，到了正式研究阶段则改为Я·E·叶夫格拉夫负责，由当时第18中央设计局负责设计。

1950年3月，改型号的首艇在高尔基市建造；1950年10月下水；1951年12月服役。

前苏联在高尔基市红色索尔莫沃工厂建造了113艘，共青城建造了11艘，黑海造船厂建造了72艘，列宁格勒的波罗的海工厂建造19艘，总共建造了215艘；最后一艘则是在波罗的海工厂建造，1958年6月交艇。

1954年，根据中苏双方签订的《海军订货协定》，前苏联将改型潜艇的技术和资料有偿转让给中国；中国将其命名为6603型（后称为03型）。

1955年4月，首艘中国的6603型首艇在江南造船厂开工建造；1956年3月下水；1957年10月服役。

到 1964年，江南制造厂前后一共建造了13艘改型潜艇，而从1956年到1962年，武汉造船厂共建造8艘。

建造期间，中国先后向阿尔巴尼亚、埃及、孟加拉国、巴基斯坦四国各出口4艘6603艇。

⊙史实链接

列宁格勒，后改名为今天的圣彼得堡，位于俄罗斯西北部，波罗的海沿岸，涅瓦河口。列宁格勒州的首府，俄罗斯第二大城市。圣彼得堡是俄罗斯第二大政治、经济中心，也是俄西北地区中心城市，全俄重要的水陆交通枢纽。圣彼得堡是俄罗斯通往欧洲的窗口，也是一座科学技术和工业高度发展的国际化城市，拥有众多的高等院校、科学研究机构，被称为俄罗斯的科学、文化艺术和首都，是前苏联常规潜艇建造基地之一。

圣彼得堡大教堂

⊙古今评说

新中国成立初期，对没有全程空中掩护的海军来说，潜艇是最好的“战略”武器，既可以在水下远航巡弋，又能隐蔽接敌突然进攻。1954年6月，03型作为我国常规潜艇的鼻祖，其建造成功并投入使用，诞生了人民海军第一支潜艇部队——海军独立潜水艇大队，履行保卫海疆的神圣使命。因此，03型常规潜艇有着不可替代的历史作用。

031常规潜艇

⊙拾遗钩沉

1959年，我国和前苏联签订了第2个海军技术有偿援助协定。根据协定，苏联提供器材设备和图纸资料，并派专家来中国指导。

俄罗斯战略核潜艇

改型潜艇装有三具苏式SS-N-5型潜射弹道导弹发射器，配备有天文导航、定位稳定、导弹发射控制和指挥器具等在当时较为先进的设备。战略弹道导弹主要由弹体、动力装置、制导系统和弹头等组成。弹体是安装弹上各部件的圆柱形承力壳体，通常选用比强度高的金属及复合材料制成。战略导弹是指射程通常在1000千米以上，用于打击战略目标的导弹。战略核导弹是衡量一个国家战略核力量和军事科学技术综合发展能力的主要标志之一。战略导弹通常携带核弹头，用于打击政治和经济中心、核武器库、军事和工业基地、交通枢纽等目标。

1960年，大连造船厂正式开工建造改型潜艇。然而，就在这之后不久，中国和前苏联的关系出现破裂，前苏联中断援助，撤走专家，并且拒绝提供还没有运到中国的一切材料。

大连造船厂

在这种背景下，中国开始了自行研制。值得庆幸的是，在关系破裂之前，很多重要的设备和器材已经运到中国，因此大连造船厂仍能在1964年建成潜艇，1966年交付海军使用。改型潜艇长98米，宽8.6米，高6.6米，水面排水量2300吨，水下排水量近3000吨，装有3台柴油机共6000马力和 6 台电动机，航速水面17节，水下13节，最大航程 1 万千米，战斗定员86人。因为各方面的原因，中国只建造了一艘改型潜艇；建造完成之后，因为没有研制出来导弹，在很长一段时间里面，潜艇只能做训练使用。

⊙史实链接

1982年，中国的巨浪1型CSS-N-1潜射导弹研制成功之后，率先在该潜艇进行发射试验。不过，第一次发射没有取得成功，导弹失控在空中爆炸自毁；第二次发射试验才获得成功。由于巨浪1型导弹的弹径比苏式SS-N-5型导弹大，因此改型潜艇只能装有两具导弹发射筒，而非苏式潜艇的 3 具导弹发射筒。

我国正在发射的巨浪1型潜射导弹

⊙古今评说

中国第一枚潜地固体战略导弹“巨浪 1 ”型首次由031型常规动力导弹潜艇水下发射试验成功。中国一跃成为世界上第5个拥有水下发射战略导弹能力的国家。

032常规潜艇

⊙拾遗钩沉

海军032型201号潜艇，是为替代老式高尔夫级200号潜艇而上马的新一代试验潜艇，2005年立项研制，2010年9月下水，2012年9月完成航行试验，同年10月16日加入海军序列。该艇在艇桥内有贯穿艇体的大型试验舱段，可以进行各种改装，试验潜射战略导弹、舷间垂发巡航导弹、反舰导弹、鱼雷、整体逃生舱和特种作战水下运载器。

201艇为单轴、单桨、双壳体、水滴线型。该艇长92.6米、宽10米、水平稳定翼幅宽13米、最大高度17.2米，设计吃水6.85米、工作深度160米、最大潜深200米。水上最大航速10节、水下最大航速14节。正常排水量3797吨，水下排水量6628吨，是我国现役乃至全球最大常规动力潜艇。在不补充的情况下，可保证编制艇员（88人）海上连续活动30昼夜；试验人员130人，海上连续活动4昼夜；200人海上连续活动三昼夜。

032型常规动力潜艇仅仅建造了一艘，由武汉造船厂建造，其设计用途是替换老旧的海军“长城200”艇。后者是一艘前苏联于1950年出售给中国的“高尔夫”级弹道导弹常规潜艇，用于测试水下发射弹道导弹。在20世纪80年代该艇进行局部改造用于测试中国的第一种潜射洲际导弹“巨浪1”型。

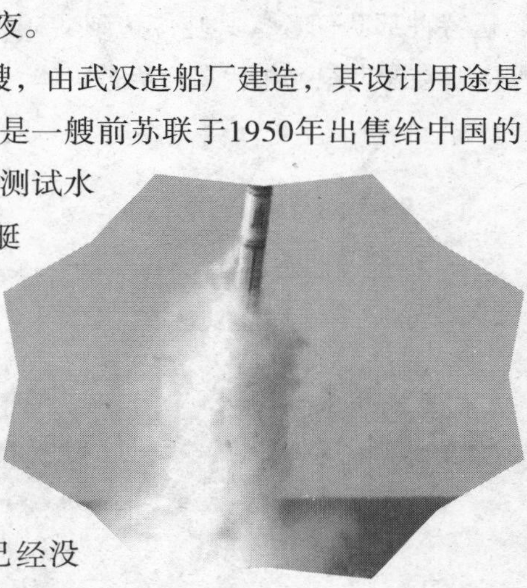

进入21世纪，为了测试我国的“巨浪2”型洲际弹道导弹，该艇又进行了现代化改造。但由于该艇设计老旧且服役多年，设备性能明显老化，已经没有办法完成中国海军测试新一代导弹武器的

“巨浪2”型洲际弹道导弹

任务。032型潜艇由我国自主研制，除了测试“巨浪2”导弹外，该艇还要承担一系列新型潜艇技术的试验任务，成为我国海军最重要的试验潜艇。

032型潜艇除了用于测试战略导弹，还装有类似美国“洛杉矶”后期型潜艇的垂直发射巡航导弹装置，用于测试性能类似“战斧”的“长剑”巡航导弹。此外，该艇巨大的指挥台围壳前部装有整体式逃生舱，这种装置在俄罗斯核潜艇上广泛装备，中国新型核潜艇上也将装备类似的逃生系统。该艇的吨位庞大、水下稳定性卓越、电子设备先进，因此它也很适合承担测试各种潜射反舰导弹和鱼雷的任务，此外还可以在甲板上系留特种作战水下运载器。

⊙史实链接

032型潜艇是世界上现役最大的常规动力潜艇。二战期间，日本伊–400“潜水航空母舰”能够搭载三架水上轰炸机，设计任务是轰炸巴拿马运河船闸。该艇水下排水量6500吨，曾是世界最大常规动力潜艇，该艇于二战末期被击沉，但该艇排水量略小于032型艇。前苏联于20世纪80年代研制的940型（I级）救援常规潜艇可以携带两艘微型潜艇用于水下救援，也可以执行运送特种部队任务，其吨位达到6950吨，至今这一纪录仍未被打破，两艘该型潜艇在20世纪90年代退役后被解体。

日本伊–400型潜艇

⊙古今评说

032型潜艇是目前世界上现役最大的柴电动力潜艇，其水下排水量超过6000吨。该艇于2012年入役，由武汉造船厂建造，用于测试新一代潜射洲际弹道导弹和巡航导弹。

洲际弹道导弹，通常指射程大于8000千米的远程弹道式导弹。它是战略核力量的重要组成部分，主要用于攻击敌国领土上的重要军事、政治和经济目标。洲际弹道导弹具有比中程弹道导弹、短程弹道导弹和新命名的战区弹道导弹更长的射程和更快的速度。目前主要拥有国：美国、俄罗斯、英国、法国、中国和印度。另外，朝鲜的洲际弹道导弹也在研制中。弹道导弹通常没有翼，在燃料烧完后只能保持预定的航向，不可改变，其后的航向由弹道学法则支配。为了覆盖广大的距离，弹道导弹必须发射很高，进入空中或太空，进行亚轨道宇宙飞行；洲际导弹中途高度大约为1200千米。

洲际弹道导弹

R级033常规潜艇

⊙拾遗钩沉

和613型潜艇相比，033型做了一下改装，提高了水声设备性能，增加两具鱼雷发射管，下潜深度增大，增加了蓄电池的水冷却系统，采用将贮备浮力转变成超载燃油的途径，通气管状态作为主要航态，提高了航速，续航力和自持力增大了一倍。

苏联613型潜艇

在建造改型潜艇的时候做了改良，包括多种声呐设备的改装，螺旋桨降噪，水声对抗设备的改装，通信天线系列改装，空调、制冷和制淡水能力的加强、流水孔改装和其他减振降噪改装。

20世纪80年代中期以后，该型艇进行了螺旋桨降噪改进，使其噪声等级降低了一个数量级以上，提高了潜艇的隐蔽性和加大了声呐系统的作用距离。以后还试验性地安装了法国的DUUX-5型被动测距声呐、配备意大利A-184线导鱼雷等。经过改良的033型潜艇，其综合作战能力与德国的206型相当。

⊙史实链接

中国根据与前苏联签订的合约，于1959年从前苏联引进633型R级中型鱼雷攻击型常规潜艇的建造权和部分器材装备。1959年5月至1961年3月，前后一共分8批收到前苏联发来的633型图纸。1961年10月，中国方面翻译完图纸，该改型代号为6633型。

改型号的首艘潜艇由江南造船厂和武昌造船厂建造，江南造船厂装配建造的6633型潜艇首制艇于1960年2月18日开工，1963年8月21日下水，1965年9月交付部队服役。武昌造船厂装配建造的首制艇于1960年2月19日开工，1964年10月29日下水，1965年12月交付部队服役。

海上航行的033型潜艇

1966年2月，全部采用国产材料设备的第1艘033型潜艇由江南造船厂开工建造，1968年下水，1969年6月22日正式服役。至1987年停产时，我国共建造了106艘，其中江南造船厂47艘、武昌造船厂42艘、黄埔造船厂13艘、陪陵造船厂3艘、渤海造船厂1艘。

⊙古今评说

20世纪60年代后期，因为中苏交恶，R级潜艇的生产基地曾经一度内迁至重庆峡口的望江造船厂生产。目前大部分033型潜艇已经退役或封存，只有几艘作为训练艇还在使用。

我国已退役的033型潜艇

33G1常规潜艇

⊙拾遗钩沉

33G1型潜艇属北海舰队，是中国第一艘发射飞航式导弹的常规潜艇，也是唯一的一艘水面发射飞航式导弹的潜艇(舷号351），所加装的导弹是C-801反舰导弹。

33G1是以33型（R级）潜艇为母体的改装艇。在上层建筑内左右舷各增设了三座箱式导弹发射筒，艇的上层建筑线型变化较大，使33型潜艇本来就不高的水下航速和水下经济续航力下降不少。由于导弹发射的需要，增加了自动测风仪、方位水平仪和雷弹合用的射击指挥系统，改装了雷达。

⊙史实链接

1978年，33G1型潜艇完成改装设计，1980年在武昌造船厂开工，1983年 7月交付海军，1985年海上发射导弹试验成功。

现在的武昌造船厂

⊙古今评说

因为只能在水面发射导弹，此型潜艇已经不能适应现代实战的要求，所以未曾批量生产，但为中国发展潜艇水下发射飞航导弹设计技术积累了宝贵的经验。

035常规潜艇

⊙拾遗钩沉

035型常规动力潜艇，北约称为“明”级，为中国自行研制的第一代常规动力鱼雷攻击潜艇。1967年由中央军委批准研制，由701所以033型为母型负责总体研究设计。

“明”级常规潜艇

在完成033型潜艇仿制国产化后，中国军方就一直很注重潜艇性能的提高，几乎把很多刚成熟不久的技术都用在了潜艇上面。

在短短的十几年时间里面，有关部门对033型潜艇进行了前后几十次的改装，如加装飞航式反舰导弹、水声对抗设备改装、螺旋桨降噪、多种型号声呐设备的改装、通信天线系列改装以及流水孔改装和其他减振降噪改装等。所有的这些改装，都属于现代化改装，不仅在很大程度上提高了潜艇各方面性能，而且在改造的过程当中提高了研究设计、生产建造和使用的水平。

在这样的前提下，中国自行研制的第一代产品潜艇035 型潜艇诞生了。实际上是针对母型艇水下航速低的弊病，瞄准了国外高速潜艇，以大幅度提高水下航速和续航力为重点的型号研制。上世纪70年代后期，我国已经基本形成了从科研设计到生产，从总体设计到材料设备，从试验到使用维修的完整体系和全国范围的配套协作网，基本完成了第一代潜艇的自行研制任务。1983年，改型潜艇通过验收，达到预期目标。

⊙史实链接

1969年10月，035型潜艇首制艇开工，1974年4月交付海军使用，

海上训练的035型潜艇

1979~1989年与1992~1994年间曾两度停建，进行现代化改装型艇的设计，改进艇于1988年8月开工，1990年底交艇，1993年定型，已交付海军使用。035型首制艇为ES5C型，修改后至1979年为ES5D型、1983年后为ES5E型、最终型为ES5B型，2000年后，海军对035型再次进行现代化改装，加装消声瓦、舷侧声纳阵等，使之战斗力进一步得到提升。035型潜艇共计建造23艘，现役约19艘。

⊙古今评说

中国自行研制的第一代潜艇有三个型号，即明级常规鱼雷潜艇、夏级导弹核潜艇和汉级鱼雷核潜艇。研制的时间从20世纪60年代中期开始，一直延续到80年代。明级潜艇在某种意义上说，只能算是R级潜艇的改进型，汉级鱼雷核潜艇和夏级导弹核潜艇则是中国自行研制而成。中国第一代潜艇前后研制时间长达20多年，但能在薄弱的工业和科技基础上，克服种种困难，造出核潜艇，确实是一项重大成绩。

中国R级潜艇

宋级常规潜艇

⊙拾遗钩沉

宋级潜艇已经成为中国海军现役的最重要的艇种之一。20世纪80年代初，中国海军装备有大量仿制的033型常规潜艇，还有少量自制的035型常规潜艇。只是这两种潜艇技术落后，无法适应现代战争的需要。1982年，刘华清接任海军司令员后，立即下令研制新一代常规潜艇，并将其列为海军二代舰艇建设的重点之一。当时，中国海军对新潜艇提出的技术战术要求为：艇体为水滴线形，以获较高水下航速和较小流体噪声；采用单轴七叶高弯角螺旋桨推进器，以减少航行噪声；使用数字化声纳和显示设备，以提高情报处理能力，并实现指挥控制自动化；配备性能先进的线导反潜鱼雷和新型鱼雷发射装置，以具备反潜和反舰双重作战能力；配备潜射反舰导弹和潜射反潜导弹，以适应现代海战的需要。同时，为吸取核潜艇配套武器研制严重拖后的教训，特别强调海军武器装备研制必须作到“五个成套”，即成套论证、成套设计、成套定型、成套生产、成套交付使用的原则。

海上航行的解放军宋级潜艇

中国向俄罗斯购买基洛级潜艇一事，也说明宋级潜艇仍存在一些问题没有得到解决。其中之一可能是潜艇的噪声。噪声大是潜艇的致命弱点，会丧失突然性和隐蔽性，而且容易被敌人发现而受到攻击。这对攻击型潜艇尤为重要，因为它需迫近敌舰才能展开攻击。从宋级潜艇没有敷设消音瓦和艇体突出物较多来看，静音效果可能不会太好。水下搜索与跟踪技术估计是另一个问题。在水下相当远的距离搜索和跟踪敌舰艇，是潜艇实施攻击和保护自己的首要条件。我国在这方面的技术还比较落后，因此推断宋级潜艇的声呐仍然很难达到所需标准。另外，俄罗斯基诺级潜艇总设计师马卡诺夫指出：宋级潜艇排水量不超过2 300吨，但指挥台围壳设计却很高，对航行稳定性和武器使用将会有影响。

随着宋级314艇的艇载设备被曝光，世人也着实为其先进程度感到震惊。它除装备了先进的电子和水声设备以外，更配装了先进、齐全的武器系统：既有可在全深度发射的线导鱼雷、自导鱼雷，又有能在水下发射的反舰／潜导弹，还具有布放水雷的能力。在武器分配上，宋级潜艇的艇首装有六具鱼雷发射装置，其中两具可发射线导鱼雷，其他可发射声自导鱼雷和潜射导弹。最大武器携带量为18件，通常为六枚线导鱼雷、六枚声导鱼雷、六枚潜射导弹，水雷则可携带30枚。

宋级潜艇使用的YU-5鱼雷，采用OTTO热动力系统，中途线导加末段主被动联合声导的混合模式。潜艇是最好的反潜利器，YU-5鱼雷的装备使中国海军常规潜艇第一次具备了对潜作战能力。1993年，随着“基洛”级潜艇加入中国海军序列，三款俄制鱼雷也“陪嫁”到中国，它们是：TEST-71型，采用电池动力，中途线导加终端主被动联合声导模式；TEST-96型是TEST-71型的改良型，除中途线导终端主被动联合声导外，还增加了尾流导引装置，可增强反舰、反潜作战能力；53-65型是533毫米口径，推进系统为热动力装置，采用尾流自动

基洛级潜艇

导引模式，是一种威力强大的反舰武器，也对航母构成威胁。以上三种俄国制造的鱼雷，性能都要比中国海军装备的现役鱼雷先进，这必然会促进中国鱼雷技术的发展，使中国海军鱼雷武器的攻击力增强很多。

宋级潜艇能够从水下发射鹰击系列反舰导弹，并且可以多艘潜艇齐射。C801的射程为45千米，战斗部重量165千克；C802的射程超过100千米，使“宋”级具备了超视距打击水面舰艇的能力。中国早已研制成功长缨系列反潜导弹，其中CY-1的最大射程约20千米，弹头为仿制的MK46反潜鱼雷。配备水下发射的反舰导弹和反潜导弹之后，宋级潜艇的攻击力又跨上了一个新台阶。

在武器系统上，宋级潜艇配备得相当齐全，具有在全深度自导鱼雷、发射线导鱼雷、布放水雷和反舰导弹的多种作战能力。在鱼雷方面，装备有鱼四型反舰鱼雷和鱼五型反潜鱼雷。鱼四型则为电动声导反舰鱼雷，战斗部400千克，最高航速可达40节，最大航程15千米。鱼五型反潜鱼雷是中国海军装备的第一种线导鱼雷，也是中国常规潜艇装备的第一种反潜鱼雷。该型鱼雷弹径533毫米，使用先进的奥图式热动力推进系统，采用线导加主被动声导联合制导方式，最大航程30千米，战斗部205千克，最高航速达50节，可有效对付核潜艇。为发射鱼五型线导鱼雷，宋级潜艇装有新型的鱼雷发射装置。在六个鱼雷发射管中，两个发射管可发射鱼五型线导鱼雷。宋级潜艇装备鱼五

核潜艇发射反潜鱼雷示意图

型鱼雷，对提高中国常规潜艇作战能力具有重大意义。

在此之前，中国海军只有一种可使用的反潜鱼雷，即鱼三型声自导鱼雷。但该鱼雷只能由夏级和汉级核潜艇使用，不能装备常规潜艇。033型和早期035型潜艇仅配有反舰鱼雷，而无反潜鱼雷，只具对水面舰船作战，而无对潜艇作战能力。配备鱼五型鱼雷后，中国海军常规潜艇才第一次具备了反潜作战能力。

⊙史实链接

20世纪80年代中期，武昌造船厂全面展开宋级潜艇研制，1999年5月首艇正式交付海军使用。相配套武器的研制也进展顺利，潜射型“鹰击一号”反舰导弹在80年代后期已配备汉级核潜艇，鱼五型线导鱼雷则在90年代初研制成功，潜射型“长缨一号”反潜导弹也在90年代中期试射成功。所以，当宋级潜艇首艇在1994年下水时，主要配套武器也基本研制成功。同时，潜艇人员的培训也基本到位。据官方消息得知，专门培养潜艇人员的中国海军潜艇学院，已研制成功039型潜艇的操纵指挥模拟器，可实施水上水下的全部操作，以及水下发射导弹等特殊科目的训练，到1997年前五个艇员队已完成全部训练项目。整体看，宋级潜艇是中国常规潜艇发展的一大突破，具有五个第一，即第一次使用单轴七叶高弯角螺旋桨推进器；第一次装设了数字显示声纳、光电桅杆以及整合式的自动化指挥系统；第一次配备线导反潜鱼雷；第一次配备潜射反舰导弹；第一次配备潜射反潜导弹。

我国宋级潜艇的模型

⊙古今评说

宋级潜艇是中国海军装备的最新一代国产常规动力攻击潜艇，代号039型，西方称为宋级潜艇。宋级的各项指标都达到了世界先进水平。宋级潜艇的一大特点是不依赖空气推进系统，可以展开水下巡航达3万海里，无需添加任何燃料。装备水雷、自导鱼雷、反潜导弹、激光武器等。具备电子引导、雷达警戒和水面搜索。作战指挥系统功能齐全，反应速度快，跟踪和搜索能力到位，自动一体化，能数秒内摧毁海上各种移动目标，可与当前世界最先进的潜艇相媲美。

中国039型宋级潜艇

元级常规潜艇

⊙拾遗钩沉

元级潜艇排水量与基洛级相差无几，并具有基洛级略微突起的K型梁，且突起轮廓更加明显，因此可以判断元级潜艇内部布局和空间结构跟基洛级基本相同。再者，指挥台位置和尺寸有调整。原宋级潜艇的指挥塔尺寸过大，水下潜行时上下面的阻力差过大，必须依靠首舵来抵销上仰力矩，同时还会增大潜艇水下潜航的阻力；而新潜艇的指挥塔围壳比例与基洛级非常接近，这表明我国军工设计人员已经有意弥补这方面的缺陷。如此，俄罗斯基洛级和国产宋级潜艇的技术特长相互综合，性能肯定更进一步，可以称为“超级宋”潜艇。

我国的元级潜艇

但是俄国军方也有一种观点，认为元级潜艇应该属于俄罗斯阿穆尔级的改进型。俄海军技术分析人士普遍认为元级潜艇在设计上参考了阿穆尔级的概念。元级的外轮廓采用了水滴型设计，而舍弃了原039级潜艇的鲸型，并且继承了基洛级和阿穆尔级简练的外形。俄国专家通过判读元级艇体升降舵和尾舵的位置，认为元级已经装有被动声纳系统和拖拽声纳系统。而且，通过“已经证实”的039改进型潜艇吸音橡胶层和消音瓦技术，元级潜艇甚至可能使用了更为先进的整体橡胶覆盖技术，使水下噪声降到100分贝以下，这样的降噪水平跟俄式潜艇已经相当。

常规潜艇为追求最大水下航程，经过多少才华横溢的科研人员的努力攻关，终于研制出相对完善的AIP系统这个好东西。039A装备了国产“斯特林”AIP系统，该系统比瑞典的原型斯特林发动机功率更大。039A的服役标志着中国海军在东亚地区率先采用AIP系统的潜艇，远远领先于日本。

元级潜艇的三视图

AIP系统就是不依赖空气的推进系统。最早产生于二战期间，德国和苏联几乎同时开始研究。苏联采用柴油驱动和液态氧一个闭式循环发动机，德国是利用高浓缩的过氧化氢，产生蒸汽驱动涡轮机，在这些艰苦的尝试后取得了一定的宝贵经验。二战后至今，经过不断努力，这项技术逐渐进入实用阶段。

元级艇的水滴线型艏部圆钝，艏部空间开阔，艇艏上部用于布置六具鱼雷发射管后，艇艏下部还有较大空间安置声呐基阵。因此元级艇在艏部可以布置体积大、空间增益好、工作频率低、发射功率高、探测距离更远的新型综合声呐，大大提高了元级艇的搜索与跟踪距离。

在舷侧还布置了新型舷侧测距声呐，通过布置在两舷平行于艏尾线上的各三组换能器阵，利用噪声信号到达各换能器组的相位差（声波传递时延效果），元级即可快速计算出目标的距离信息。这就避免了以前中国没有装备舷侧测距声呐的老式潜艇，通过整艇机动数个阵位才能计算目标距离的不足，减少了中国潜艇攻击目标时用于探测、计算目标方位的时间，有效提高了中国常规潜艇的快速反应、快速打击能力。

⊙史实链接

039A型常规动力潜艇，由武汉造船厂建造，首艇于2004年5月31日下水，第二艘则于同年12月下水。采用更先进的水滴型设计，艇艏部圆钝，舯部为轴对称的圆柱体，尾部为回转体锥尾，并采用了单轴单桨推进形式和十字形尾操作面结构。艇身敷设了消音瓦，对于降噪有很大的帮助，但艇体两侧还是各有一排开口，水流过时容易产生较大的噪音。前水准翼位于帆罩两侧，在尾部布局上采用了回转体锥尾和十字舵布局，单轴单桨推进形式，推进器为一具高曲度七叶螺旋桨。据推测，本级艇采用了AIP推进技术，简氏认为其航程在6500海里左右。

正在水面航行的039A型常规动力潜艇

⊙古今评说

元级潜艇的围壳与以前我国的其他型潜艇相比，不仅高度明显降低，而且外形有所变化，适航性也大大提高。这种同样也是水滴形的围壳，从整体上来看，较丰满的围壳与短粗的艇身配合起来，不仅美观而且阻力较小。因此，元级应该是我国已服役的常规潜艇中，耐波性和适航性最好的潜艇。

核潜艇发展道路

⊙拾遗钩沉

中国核潜艇的研制、建造和发展自始至终是在中央的高度集中统一领导下实施的，协作配套项目涉及全国范围。然而很少有人知道，半个多世纪以来，这个“上通中央、下联万民”的庞大核潜艇工程，曾经走过一段艰苦的创业发展之路。

1954年，美国第一艘核潜艇服役，1957年前苏联的核潜艇又下水，这对我国是严峻的挑战，但是当时我国的科学技术水平很低，不具备马上研制核潜艇的能力。

1957年，由前苏联“转让制造”的“03”型常规潜艇建成；1958年，中国第一座外援的实验性重水核反应堆投入运行。这使潜艇加核动力的设想有了初步的基础，如果进而把核潜艇作为核武器的运载发射平台，对于提高一个国家的军事战略地位来说将具有更加重大的意义。

然而，中国在研制核潜艇的初期阶段就遇上了种种阻力和障碍，可谓天灾人祸、一波三折。中国核潜艇的预研工作要起步时，苏联拒绝援助，进行技术封锁，迫使核潜艇研制道路发生重大转折。为了不使核潜艇的研制工作中断，中央军委同意陈赓将军的建议，及时在中国人民解放军军事工程学院增设原子工程系，开始自己培养原子专业的研究设计人才；并于第二年调整加强了核潜艇研制工程领导小组；原二机部也决定把建设铀浓缩工厂作为重中之重；1960年，原子能研究所提出了第一个

我国夏级弹道导弹核潜艇

我国第一颗原子弹爆炸成功

《潜艇核动力装置初步设计（草案）》。核潜艇的论证研究工作在充满了民族尊严的气氛中拉开了帷幕。

20世纪60年代初，中国又恰逢三年自然灾害，国家经济遇到暂时困难，核潜艇被列为“暂缓”项目，正常的研究工作面临中断。但核潜艇研制的前期准备工作、基本的技术准备工作和研究机构建设并没有停止。

1963年，在核潜艇工程调整紧缩的情况下，在国防部舰艇研究院内增设了潜艇核动力工程研究所，开展了潜艇核动力装置总体方案的论证、设计工作；铀浓缩工厂取得了高浓缩铀合格产品，半年后生产出合格的核燃料元件。1964年，我国成功完成了第一颗原子弹爆炸试验，二机部成立反应堆工程研究所，第一艘装配建造的“031”型常规动力导弹潜艇胜利下水。

到了20世纪60年代中期，国家经济状况明显好转，常规潜艇的仿制和自行研制获得成功，核动力装置开始初步设计，核反应堆的主要设备和材料研制工作取得了进展，海军第一座对潜大功率长波电台竣工——研制核潜艇的前期准备已经比较充分，具备了正式开展型号研制的技术基础和必备条件。

1965年8月15日，核潜艇的研制工作重新全面启动。1965年6月，国家成立了核潜艇总体研究设计所；以后又从大连、上海和武昌造船厂抽调近3000名职工参加核潜艇制造厂的建设和核潜艇的建造，为此毛泽东曾两次签发电报抽调部队支援核潜艇总体建造厂的建设。1966年，核潜艇总体研究设计所终于开始了核潜艇总体方案论证和设计工作；为弹道导弹核潜艇的导弹进行前期试验的“031”型常规动力导弹潜艇也已于1964年建成。

就在核潜艇研制工作重整旗鼓，出现新开端时，“文革”爆发了。庆幸的是，承担核潜艇研制任务的数百家工厂、研究所仍然坚持工作；中央关注的核潜艇基地也于60年代后期开始由海军负责兴建。

1968年11月，在国庆之后的热烈气氛中，中国自己研制的第一艘鱼雷攻击型核潜艇紧锣密鼓地开工了；1970年12月26日，在毛泽东生日这一天，中国核潜艇胜利下水；1971年7月1日，在中国共产党生日这一天，中国首次在潜艇上实现了以核能发电；1974年8月1日，又是一个喜庆的日子，在“八一”建军节的庆典仪式上，中国第一艘鱼雷攻击型核潜艇航行试验成功，正式编人海军部队，该艇被中央军委命名为“长征一号”。从此，中国海军跨进了世界核海军的行列，开始向远洋深海迈出长征的第一步。与此同时，海军核潜艇基地配套建设到70年代中期也完成了第一期工程，保证了中国第一艘核潜艇的进驻。

我国“长征一号”核潜艇

1967年，国防科委批准了弹道导弹核潜艇战术技术任务书和第一个两级固体燃料火箭的型号研制任务，我国第一代弹道导弹核潜艇正式开始研制。根据核潜艇及其武器装备进行海上试验的需要，我国还建造了鱼雷、水声和潜地导弹三个专用试验场，为核潜艇的研制试验发挥了重要作用。

中国第一代核潜艇虽然是在乱世中孕育、诞生，但中国人民有效地排除了外界干扰，形成了高度的凝聚力，最终填补了中国没有核潜艇的“空白”。可以说，核潜艇的建造成功是全国大协作的产物。

1975年8月，第一代鱼雷攻击型核潜艇完成了设备和总体定型。1981年4月，中国第一艘弹道导弹核潜艇下水；1982年10月，中国在改装的常规潜艇上首次成功地进行了震惊寰宇的水下发射运载火箭试验；1983年8月，中国第一艘弹道导弹核潜艇交付海军；之后，又于1984年、1985年在核潜艇上多次进行潜地导弹水下初期发射试验。

从1982年开始，海军和工业部门进一步开展了第一代核潜艇的改进提高和改装设备的研制，旨在原有的基础上将战术技术性能再提高一步；另外，

“403”号核潜艇

1981年6月，海军第一个核潜艇基地主体工程竣工，1984年第二期工程开工，为将来能接纳一支核潜艇部队的进驻做准备；1982年9月，海军第二座功率更大的长波发信台建成，改善了对远洋水下潜艇的通信；1986年，“403”号核潜艇在中国黄海、东海训练海域完成了连续90个昼夜的自持力考核训练航行，打破了美国“海神”号核潜艇连续航行83昼夜10小时的纪录，同时也创造了中国人民海军潜艇远航史上的最高纪录。

1988年是中国核潜艇研制历程中难忘的一年，这一年，鱼雷核潜艇进行了水下深潜试验、水下高速航行试验和大深度发射鱼雷试验。这些试验进一步证实了中国自己制造的核潜艇跑得远、潜得深、打得准；这一年，弹道导弹核潜艇圆满完成水下发射潜地导弹试验，结束了第一代弹道导弹核潜艇的全部试验任务；这一年，海军开始安排以提高第一代核潜艇装备安全可靠性为重点的综合治理工程。

由于核潜艇导弹舱装备了战略核武器，使核潜艇成为真正意义上的国家隐蔽的核威慑与核反击力量，标志着中国海军的战略性突破，把中国在世界上的战略地位大大提高了一步。

核潜艇深水试验和水下发射潜地导弹试验的成功，标志着中国核潜艇的研制走完了全过程。试验证明，中国核潜艇的质量和性能达到设计要求，已经具备了实战能力，为核潜艇的作战使用取得了大量科学数据和宝贵的经验；同时，中国在这一年形成了基本配套的核潜艇科研、设计、试验、生产、驻泊、作战训练和维修体系，推动和促进了一大批新技术、高科技项目的发展，为新一代核潜艇的研制打下了坚实的基础。

然而，即使取得了如此多的成就，我国第一代核潜艇的改进和治理工作一直在继续，中国第一代核潜艇的技术性能、作战能力和安全可靠性在不断改进中得到提高。

“长征四号”核潜艇

1990年，中国第一代最后一艘鱼雷核潜艇下水。目前，第二代核潜艇也已批量生产、批量服役，其设施更加完善，性能更加先进，海上作战能力和核反击能力得到大幅度提升。中国核潜艇无论在数量上还是核潜艇基地建设上，都已经形成可观的规模。

在研制第二代核潜艇的同时，第一代核潜艇装备的综合治理工程一直进行到90年代中期；1993~1999年，海军还对第一代核潜艇鱼雷系统进行了现代化改进和全面噪声治理，中国第一代核潜艇的作战能力和隐蔽性更上一个台阶。

⊙史实链接

中国核潜艇从1958年开始预研，经历了从无到有、从小到大，直至今天形成一支具有强大战斗力的核潜艇部队，走过了50多年的历程。中国核潜艇在研制初期是绝对保密的。直到1982年10月12日，当一枚中国自制的运载火箭从水下发射成功后，中国才首次掀开核潜艇的神秘面纱。当时国内媒体将此“爆炸”新闻纷纷在头版头条作了报道。“一石激起千层浪”，这个“石破天惊”的消息证实中国已具备从潜艇发射战略核武器的能力，即刻引起世界各国对中国核潜艇的密切关注。这一年，标志中国国防力量进入了一个新的里程碑，从此中国官方开始逐步揭示有关核潜艇研制、试验和使用的内幕，中国核潜艇的雄姿悄然浮出水面。

中国核潜艇水下发射的运载火箭

⊙古今评说

经过几十年的风风雨雨，中国核潜艇经历了研制、建造、使用、退役的全过程，已经锤炼出一支训练有素、保障有力的核潜艇部队，任何国家都不敢轻视这支神秘而强大的军事力量。可以肯定地说，只要战争的隐患存在，中国发展核潜艇的步伐将会永远走下去。

弹道核潜艇发展之路

⊙拾遗钩沉

1970年9月25日，我国第一艘弹道导弹核潜艇开工建造。国务院、中央军委“09”工程领导小组多次强调：弹道导弹核潜艇是毛泽东亲自批准的主要工程，各有关单位一定要把这项工作摆到重要的位置上来抓，要比陆上模式堆、鱼雷核潜艇抓得更紧，抓得更好。

1972年初，弹道导弹核潜艇完成了施工设计。1981年4月30日上午10时许，我国自己设计制造的第一艘弹道导弹核潜艇胜利下水。

1983年8月25日，我国第一艘弹道导弹核潜艇经过16年的研制，终于在海军试验试航基地交付海军训练使用。10月19日，核潜艇部队举行隆重的命名和授旗仪式，水兵们军容严整，精神振奋，列队在潜艇甲板上。旅顺基地司令员代表海军宣布命名和授旗命令。军旗在第一艘弹道导弹核潜艇上徐徐升起，官兵们注视着军旗，幸福和自豪之情荡漾在心胸。为了组织好第一艘弹道导弹核潜艇的交接仪式，有关方面做了大量细致具体的准备工作，拟定了交接仪式程序和参加交接仪式人员名单。参加弹道导弹核潜艇交接仪式的单位有国防科工委、科技部、国家经委国防局、商业部计划局、财政部公交司、机械工业部军工局、大连市委、中国船舶工业总公司、海军机关、北海舰队、海军试验基地以及有关研究院、研究所、工厂、军事代表室等，共计近200人。

我国第一艘弹道导弹核潜艇

我国第一艘弹道导弹核潜艇交付后，又相继解决了潜地导弹武器系统及其装艇等关键技术问题；1984年、1985年和1988年先后在该艇进行了导弹水下发射试验，最终获得圆满成功；试验证明潜艇总体方案设计正确，艇、弹与发射系统工作协调，惯性导航系统也为导弹武器系统提供了精确的数据和信息，胜任水下发射潜地导弹的重任，实现了中国一定要研制出弹道导弹核潜艇的决心。从此，中国真正成为世界上第五个拥有弹道导弹核潜艇的国家。这一具有重大政治意义和军事意义的成就，也标志着中国海军装备建设的一次战略性突破。1996年，第一代弹道导弹核潜艇获得国家科学技术进步特等奖。

弹道导弹核潜艇是一个国家战略核反击力量的象征，凡是参加研制、建造和操作弹道导弹核潜艇的人员，只要有机会都想与它合影留念，但绝大多数人从事了几十年核潜艇工作，因为保密等原因，直到退休也没有如愿。

⊙史实链接

中国发展弹道导弹核潜艇的想法由来已久。1958年，聂荣臻元帅向中共中央秘密呈报《关于开展研制导弹原子潜艇的报告》；1965年核潜艇重新“上马”后，中央专委第13次会议才决定第一步先研制反潜鱼雷核潜艇，第二步再搞弹道导弹核潜艇，理由是：弹道导弹核潜艇必须装备的潜地导弹及其武器系统的研制十分复杂，加上核潜艇本身以及与导弹配套的关键设备技术问题多，难度大，需要更多的时间才能解决。当时对先上弹道导弹核潜艇还是鱼雷核潜艇有两种不同的看法，但后来大家统一了认识，认为核潜艇首先是解决核动力技术问题，而不是首先解决导弹问题，而且有大部分材料和设备两型艇可通用，相当于在鱼雷核潜艇上增加一个导弹舱。在开展鱼雷核潜艇研制工作的同时，弹道导弹核潜艇论证研究工作也随后展开。

我国十大元帅之一——聂荣臻

⊙古今评说

第一艘弹道导弹核潜艇交付后，相继解决了潜地导弹武器系统及其装艇等关键技术问题。从此，中国真正成为世界上第五个拥有弹道导弹核潜艇的国家。这一具有重大政治意义和军事意义的成就，也标志着中国海军装备建设的一次战略性突破。

第一支核潜艇部队

1965年，中央专委第13次会议在决定核潜艇重新“上马”的同时，批准核潜艇码头、基地选址和建设。由于中国缺乏建设核潜艇基地的经验，因此在设计、施工、设备安装等各个环节都遇到不少困难。广大设计、施工人员先后到全国100多个单位调查研究，收集资料，大胆采用先进技术，解决了核潜艇更换核燃料、装卸导弹、潜艇消磁、潜艇修理、防核污染以及土建结构等一系列难题。

海军核潜艇基地和第一艘核潜艇同时开工，这就面临着尽快组建核潜艇艇员队的任务。1969年7月，海军从4个常规潜艇支队和一个护卫舰支队精选了36名官兵，组成了中国第一支核潜艇接艇队。

首批核潜艇艇员按编制配齐后，为了顺利完成试航任务，接艇部队一边熟悉核潜艇的结构以及本专业设备、系统、仪器仪表的位置，一边请船厂技术人员和研究设计人员讲解潜艇总体性能、构造、核反应堆等理论知识，进一步提高了艇员们的理论水平。

1970年12月26日，核潜艇接艇队满怀信心地迎接中国第一艘核潜艇胜利下水。1971年3月，海军组成67人的潜地导弹实习队，随后在青岛成立北海舰队“09”部队筹备委员会，统一负责核潜艇部队的管理和筹建工作。1972年4月，北海舰队成立；1974年，中国第一艘核潜艇建成服役。

1974年3月，当我国第一艘核潜艇即将交付使用的关键时刻，第一批进入核潜艇部队的大学生是从清华大学刚刚毕业的五六十名首批“工农兵学员”。通过近4年的学习后，他们满怀报国之心奔赴核潜艇部队。最初，他们中的一部分被分配到核潜艇部队的指挥机关

北海舰队的核潜艇群

中国的核潜艇基地

担任参谋或干事、一部分被分到第一艘核潜艇上担任首批大学生核动力操纵员，一部分被分到各技术保障分队担任工程师，参加了中国核潜艇创建初期的运行、管理、维修等。后来，他们中间不少人成为将军、教授、高级指挥军官、高级工程师、高级管理人员以及国家核能动力学会或船用核动力学会的领导。

就这样，中国核潜艇部队在艰苦的岁月建立了。

⊙史实链接

中国第一个核潜艇基地工程获1984年国家优秀设计金质奖和1985年度国家级科技进步一等奖；核潜艇基地第二期工程于1984年开工。如今，核潜艇基地各种设施配套完善，可以保障一支核潜艇部队的进驻。

⊙古今评说

核潜艇部队的官兵们不怕艰苦、勇于自我牺牲是革命军人基于对祖国和人民的高度责任感而发自内心的高尚献身行为。后来，核潜艇基地党委曾经在广泛发扬民主的基础上，将中国核潜艇的精神概括为“艰苦创业、尊重科学、敢为人先、无私奉献、听党指挥、志在打赢”的24字精神，这种精神正在延续相传。

我国核潜艇的官兵们

"09"代号的来历

⊙拾遗钩沉

"09"是一个被中国潜艇部门使用了将近半个世纪的绝密代号；今天，这已不再是一个秘密。

然而，最初为何选用代号"07"，而后来又改为"09"呢？这一点，就连从事核潜艇工作30多年的人也说不清，20世纪60年代参加核潜艇初期研制的"老军工"、"老海军"也未必能说清楚，因为当时从事核潜艇工作的人都坚守"不该问的不问"保密原则。这样，便鲜有人知根知底了，所以长期以来引起众多的猜测：有国家重大工程代号之说，有海军舰艇编号之说，有随意起名之说，有取1959年的"9"之说，甚至有借用当时的"09"报警电话号码之说等。

中苏《六四协定》中从前苏联转让制造的几型舰艇已经排到"06"号了，因此接下来就准备选用"07"吧。当时，这个建议得到了很多人的赞同。

核潜艇的研制代号定为"07"后，并演化出"07"工程、"07"研究室。1960年1月26日，国家有关部委以科字第159号文批复，同意把"07"代号改为"09"，并相应地把造船技术研究室易名为"09研究室"，把工程代号和单位名称统一起来。

取"09"主要是当时国防工业中已经有"08"的代号了，比如1959年海军计划研制的常规动力巡航导弹潜艇的代号就是"08"，当时二机部正在研制的军用增殖反应堆的代号也是"08"。

就这样，从1960年开始，各单位的核潜艇工程研究代号都改称为"09"这个象征吉祥长久的数字，并作为专用代号一直沿用至今。如今当年的见证人陈谭生老人已经作古，如果没有他的追忆，"09"代号的来历将可能成为千古之谜。

⊙史实链接

1953年6月4日，中苏两国正式签订了《关于在中国供应海军装备及在军舰制造方面对中国给予技术援助的协定》（简称《六四协定》）。协定规定，苏方向中方有偿转让6种型号舰艇制造技术，即“50'’型护卫舰（代号6601）、“183'’型大型鱼雷快艇（代号6602）、“613”型常规潜艇（代号6603）、“122脚C”型猎潜艇（代号6604）、“254K”型基地扫雷舰（代号6605）和“151”型江河木质扫雷艇。

⊙古今评说

中国提出“蓝水海军”的概念，指我国海军能长时间在外洋执行战斗和非战斗任务，并在较宽广的大洋范畴保护本国海洋利益和安全，防止敌对势力的威胁。而“09工程”正是实现“蓝水海军”的重要保障。

正在打造的我国蓝水海军

091核潜艇

⊙拾遗钩沉

1958年，中国正式决定研制091核潜艇。1968年，091型首艇“长征一号”在葫芦岛船厂动工；1970年下水；1971年4月开始系泊试验、 8月15日开始海试。1980年，“长征一号”正式服役于海军。091型核潜艇采用锥尾、单轴单桨，围壳舵与十字型尾操作面布局，双层船壳，配备4个尾舵。艇上设7个水密舱，艇上主要设备都位于甲板的第二层，包括潜望镜、舰载雷达、通信和卫星导航设备等。

根据当时的统计资料来看，建造第一艘核潜艇仅材料就有130多个规格品种，装艇设备、仪表和附件有2600多项、46000多台件，电缆300多种、总长达90余千米，管材270多种、总长30余千米。

⊙史实链接

091型核潜艇通常在中国近海活动，有时也会前出到敏感海域。1996年的台湾海峡导弹危机中，一艘091型核潜艇渗透到美国海军航母战斗群中，实际上亦证明091级的噪声和技术水平并没有想象中的那样落后。2004年11月，一

1996年导弹危机时的台湾海峡

艘091型核潜艇被日本海上保安厅在石垣岛近海发现，而日本政府在事发三小时后才下达海上警备行动命令，引起日本国内轩然大波，这就是著名的汉级核潜艇穿越事件。

⊙古今评说

可以说，091核潜艇的实际意义远远大于研发意义，当时的091核潜艇虽然不算先进，却是我国拥有核潜艇及核潜艇由此起步的开始。

092核潜艇

⊙拾遗钩沉

092型弹道导弹核潜艇是中国自行研制的第一代弹道导弹核潜艇，前后一共建造了4艘。092核潜艇是在091型攻击型核动力潜艇基础之上发展起来的。

辽宁葫芦岛造船厂

对于中国来说，092型战略弹道导弹核潜艇有着非比寻常的意义，它标志着中国是继美国、英国、前苏联、法国之后第五个拥有水下核打击能力的国家。

1970年9月，092型核潜艇在辽宁葫芦岛造船厂开工；1981年2月下水；1983年8月交付海军；1987年正式服役。

1985年，092进行了第一次水下发射导弹试验，但最终以失败告终；1988年9月，092水下发射试验取得成功，试射了一枚射程约2400千米的巨浪-1型弹道导弹。

1995年之后，中国海军又对092潜艇做了更多改进：抹去舷号，颜色由旧海军蓝喷涂为潜艇部队统一的黑色；外形上将进水孔减少，提高水下静音能力；更新装备12枚射程约为8300千米的巨浪-2型潜射弹道导弹，可携载30万吨TNT当量的核弹头。

⊙史实链接

2009年4月23日，在中国人民解放军海军成立60周年海上检阅式上，该型潜艇“长征6号”在服役超过20年后正式亮相。

⊙古今评说

作为一战、二战的战胜国，以及联合国五大常任理事国的中国，092型战略弹道导弹核潜艇的建成对中国具有极大的战略意义。它使得中国拥有了二次核打击力量，提升了中国的战略核威慑地位。092艇与二炮部队的“东风31甲”远地弹道核导弹同为解放军战略核威慑的两大支柱。

“东风31甲”远地弹道核导弹

093核潜艇

⊙拾遗钩沉

093核潜艇是中国自主研制的一种攻击型核潜艇，由位于辽宁葫芦岛的渤海造船重工业公司负责建造，首艇于2002年下水。

和同一时期的其他军品研制计划一样，093的研制也经历很多波折。一开始，093的研制进度非常缓慢，其主要原因是无法解决新型武器和新型核反应堆的研制。直到1988年，中国在核反应堆技术上有了突破性进展之后，该计划的进度才有所加快。

1989年， 093研制计划遭遇重大调整，因为当时军方认为该型潜艇的性能已经不先进，为了避免出现091一出世就被淘汰的局面，有关部门对093的研制作出了调整。

1993年，因为技术依旧落后，093的研制再次受阻。同一时期，美国新一

美国新一代弗吉尼亚级核潜艇

代弗吉尼亚级核潜艇的研制进展非常顺利，有关技术性能领先当时的093至少两代以上。这一消息，让093的研制小组大吃一惊。

093是一种多用途核潜艇。海军对于093型的最初要求是，排水量在4000～6000吨之间，能够携带12枚战术导弹，可以发射533和650鱼雷，可以发射潜射导弹，达到国际80年代水平。然而，在很多关键的地方，093核潜艇还有很多落后的地方，因此，093的研制趋于停滞，直到1996年我国新型核反应堆技术取得重大突破。

原先，中国核潜艇所采用的是前苏联于60、70年代采用的压水堆方案；然而，由于当时中国国内的技术落后，同时从国外引进又无可能，因此导致核潜艇的研制无法有所进展。为了解决这一矛盾，开始研制当时国际上最先进的高温气冷核反应堆技术。随后，093型的研制逐渐加速，直至现代。

093型核潜艇有6具533毫米艇首鱼雷发射管，还装备了以中国和俄罗斯设计为基础的一系列反潜和反舰的线导、声自导和尾流自导鱼雷。这些鱼雷发射管还能用于发射中国“鹰击-82”型反舰导弹。

093型核潜艇使用了中国最新研制成功的核潜艇用微光夜视CCD一体不穿透壳体潜望镜。这种潜艇一改五叶螺旋桨的历史，首次应用了中国自研的核潜艇用七叶大侧斜桨，其安静性和推进效率都有明显提高。

此外，在消声瓦的研究方面，中国也取得了重大的突破，此举可极大地提高自身的隐蔽性，减小敌方声呐的探测距离。为了进一步提高隐蔽性，中国技术人员还在核反应堆上面的减速装置与艇的固定连接中首次使用了弹性减震装置和减震套垫，大大减少了动力系统所产生的噪声辐射。

消声瓦是随现代吸声材料的发展而逐渐成熟起来的一种新型潜艇隐身装备。作为一种有效的抑制噪声振动、降低本艇声目标强度、提高潜艇隐蔽性的技术手段，消声瓦已被世界各海军强国广泛采用。

⊙史实链接

2007年7月下旬，093型核潜艇的模型和一些不清楚的图片在中国人民解放军建军80周年展览上展出。随后，中国中央电视台播出了胡锦涛主席为新型核潜艇入役授军旗仪式的画面，证明093型核潜艇首艇已正式服役并形成战斗力。

⊙古今评说

《现代舰船》杂志于2007年8月号刊登了该型艇的首张清晰照片。2009年5月18日，新华社正式发表文章宣布，中国第二代核潜艇已进入中国海军服役。

094核潜艇

⊙拾遗钩沉

094核潜艇是中国有史以来建造的排水量最大的潜艇，相比上一代“夏”级核潜艇，094潜艇不论在隐蔽性、传感器还是推进系统可靠程度上，都有了很大程度的提高。

改型潜艇的核反应堆功率大、热效率高，能够使潜艇在水下航行更久的时间；此外，该反应堆的噪声也非常小。

1980年后期，中国开始研究新一代094型导弹核潜艇。在研制改型潜艇的时候，主要制定了两个方案，一是发展与新一代战略导弹核潜艇配套的新型潜射弹道导弹（即“巨浪-2”型）；二是发展更先进的新一代攻击型核潜艇（即093型攻击型核潜艇）。

不难看出，这种发展新一代导弹核潜艇的思路，能够在很大程度上节省费用，因此巨浪2型潜射导弹和 093型攻击型核潜艇的研制进度与质量，在很大程度上也就决定了094型导弹核潜艇研制的进度和质量。

094核潜艇的第一艘于1999年开始建造，2004年7月完工。2009年秋天，该型潜艇的第二艘正式服役，并且完成极限深潜、水下高速、深海发射战雷等试验与考核。

在2008年中国军力报告中，美国国防部预计094型核潜艇已经进入服役。直到今天，中国官方也一直没有承认094潜艇的存在。根据部分军事分析员推测，094核潜艇装备了中国最先进的“巨浪-2型”弹道导弹。该导

“巨浪-2”型弹道导弹

弹最大射程8000千米，弹头为分导式，可携带3～6个分弹头，每个核弹头的爆炸当量为20万吨TNT，一艘094可装备12枚。

在核反应堆方面，094核潜艇使用了中国最先进、也是世界上最先进的第四代新型核反应堆即高温气冷核反应堆。根据相关数据显示，最新型的核反应堆能够将核燃料完全燃烧，不遗留核废料，既安全又环保。改型反应堆的寿命十分长，在潜艇服役的期间根本不需要更换核反应堆。这种反应堆功率大、热效率高，可以使得所装备的新型核潜艇获得很高的水面和水下航速。

⊙史实链接

20世纪90年代中期解放军将092潜艇升级成092M，后来即被拿来当作094核潜艇的研展平台。第一艘094核潜艇目前还没有正式服役但中国却仍继续建造后续艇，这表明军方对于在改进型092M上进行的一系列试验结果还是比较满意的。

⊙古今评说

另据英国《简氏防务》周刊等权威军事杂志披露，094型核潜艇具有机动性大、生存力强、导弹射程远等特点。美方认为，即使与美国最先进的“俄亥俄”级战略核潜艇相比，中国的094也“毫不逊色”。

美国的“俄亥俄”级战略核潜艇

095核潜艇

⊙拾遗钩沉

095型核潜艇是中国自主研制的第三代攻击型核潜艇。根据有关专家推断，95核潜艇很有可能装备先进的“鹰击-62”重型反舰导弹和CY-3反潜导弹。此外，改型潜艇还将拥有垂直发射系统，可发射“东海-10”改进型潜射型对陆攻击巡航导弹，该种巡航导弹射程能够达到2000千米，可打击远程目标。

在核反应堆上面，中国取得了重大突破， 095级攻击型核潜艇服役时间可极大地提前。

在武器装备上， 095可能装备有更先进的“鹰击-62”重型反舰导弹和CY-3反潜导弹外，并且还要装备垂直发射系统，这种垂直发射系统能够发射“东海-10”对陆攻击巡航导弹，可打击敌纵深目标。

⊙史实链接

“鹰击-62”型反舰导弹于2001~2003年间完成试验，最初装备这型导弹的平台即是海军的新型导弹驱逐舰，而该弹的岸舰型号则于随后不久即批量装备我军岸防部队。

“鹰击-62”型反舰导弹

“鹰击-62”型导弹因为弹体空间较大，且设计之初保留的余量较多，具有相当广阔的改进空间，如该弹可以加装GPS/GLONASS/北斗等卫星导航系统的接收装置，从而提高其中继制导的精度。该弹还可以换装涡轮风扇发动机，降低油耗，提高航程。此外，“鹰击-62”型反舰导弹在更换导引设备以及拆除重量较大的雷达末端制导设备之后，其射程还有提升的空间，从而一跃成为一款远程攻陆巡航导弹。

⊙古今评说

美国海军战略专家比尔·格茨曾说，中国海军的093型核动力攻击型潜艇建造不到5艘。之所以只有 5 艘，是因为中国军方已经把目光投向了新一级更为强大的攻击型核潜艇。

根据西方军事家推测，095攻击型核潜艇将采用所有最新降噪措施。因为宋级潜艇采用了7桨叶螺旋桨推进系统，因此最新的095将毫无疑问会采用更新型的泵推技术。

美国军事专家比尔·格茨

096核潜艇

⊙拾遗钩沉

我国096型核潜艇

根据部分媒体猜测，中国最新型的096核潜艇，舰长150米、舰宽20米，最大排水量16000吨。096核潜艇采用水滴型，采用双壳体设计，动力装置为两座一体化压水式核反应堆和两座蒸汽涡轮机的喷水推进方式，航速能够达到32节。由于舰体外壳使用高强度合金钢，所以其潜深可以达到600米。

096核潜艇装备多种解放军的先进武器：潜射巡航导弹鱼雷、以及巨浪系列洲际导弹；在潜艇升级改造方面，可能改为具有2~3级固体推进火箭的“巨浪-3”，预计射程13000~15000千米；海基巡航导弹，652毫米鱼雷前置6口533鱼雷发射管。

此外，还装备潜射导弹24枚左右，324MM反鱼鱼雷，甚至还有深水炸弹，其中主要的是24枚声被动制导的反鱼鱼雷，主要通过声音寻的摧毁来袭鱼雷。

⊙史实链接

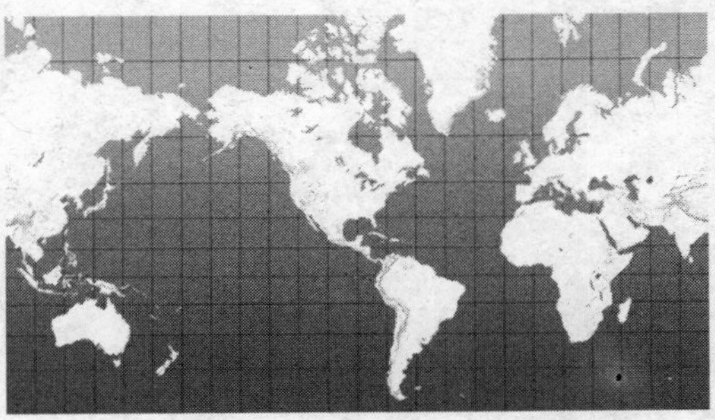
地球表面的经纬度平面图

1929年国际水文地理学会会议，通过用纬度1分平均长度1852米作为1海里；1948年国际人命安全会议承认，1852米或6076.115英尺为1海里，故国际上采用1852

米为标准海里长度。中国承认这一标准，用代号“M”表示。1节=1海里/小时=1.852千米/小时；“节”的代号是英文“Knot”，是指地球子午线上纬度1分的长度，由于地球略呈椭球体状，不同纬度处的1分弧度略有差异。在赤道上1海里约等于1843米；纬度45° 处约等于1852.2 米，两极约等于1861.6 米。

⊙古今评说

093级和094级的研发时间都已经超过10年，外界都认为中国在设计上存在问题。美国情报专家相信中国集中精力研制096级以及更可靠的陆基弹道导弹，为研制潜射弹道导弹奠定技术基础。

四、深海勘探利器“蛟龙号”

“向阳红 0 9”海洋调查船

⊙拾遗钩沉

综合调查船主要任务是进行基础海洋学的综合调查，其上面装备有系统观测和采集海洋气象、水文、化学、物理、生物、地质的基本资料和样品所需要的仪器设备；此外，综合调查船还能够整理分析资料、鉴定处理标本样品和进行初步综合研究工作所需要的条件和手段。这类船由于工作内容多、航区广，在设计时充分注意船舶的稳定性、操纵性、续航力、自持力、仪器设备操作与实验室条件，以及防摇、减震、防噪、供电、导航、低速和起吊能力等性能。在各国调查船队当中，当属综合性远洋调查船数量最多，前苏联的“库尔恰托夫院士号”、美国的“海洋学家号”、法国的“让·夏尔科号”、日本的“白凤丸”等都是当今世界上著名的综合调查船。

“向阳红09”是中国自主研制的综合调查船，由国家海洋局委托708所设计，沪东造船厂建造的首制产品。向阳红09船满载排水量4435吨，航速18.2节，自持力60天，定员150人。

1977年10月，向阳红09正式开工，1978年10月竣工，1978年12月正式服役。

“向阳红09号”

“向阳红09”上面装备了国内首制的万米测深仪和当时国内最先进和最完备的导航设备、通信设备、气象设备、海洋科学调查设备，能够在环境复杂的各种海域当中进行物理、水文、海洋化学、海洋气象、地貌、海洋地质、生物等科学研究工作，为国防建设和经济建设提供海洋科学资料。

2012年6月3日上午，向阳红09搭载着中国的“蛟龙号”载人潜水器从江苏江阴苏南码头起航，奔赴马里亚纳海沟区域执行“蛟龙号”7000米级海试任务。这一次海试一共有18家单位的96名参试队员奔赴海试现场。

“蛟龙号”奔赴马里亚纳海沟区域

2013年6月5日下午2时许，随着汽笛鸣响，蛟龙号母船“向阳红09”从青岛团岛码头缓缓驶出，将航行到江苏江阴，搭载“蛟龙号”后计划6月10日开赴特定海域。

⊙史实链接

从2013年起，“蛟龙号”载人潜水器的实验进入试验性应用阶段；其间，近20名来自大陆和香港的科学家将首次跟随“蛟龙号”科学考察。

⊙古今评说

与国外载人深潜母船相比，1978年建成、已超期服役的“向阳红”能提供的海上实验条件比较差。即便2008年改造为“蛟龙号”海试母船后，也只有一干一湿两个实验室，很多仪器设备都需要科研人员自备。

“向阳红”号系列船

蛟龙号

⊙拾遗钩沉

蛟龙号的技术特点主要有下面几项：

第一，配备多种高性能设备，确保载人潜水器在特殊的海洋环境或海底地质条件下完成保真取样和潜钻取芯等复杂任务。

第二，具有先进的水声通信和海底微貌探测能力，可以高速传输图像和语音，探测海底的小目标。

第三，在世界上同类型深海潜水器中具有最大下潜深度7000米，意味着该潜水器可在占世界海洋面积99.8%的广阔海域使用。

第四，具有针对作业目标稳定的悬停，这为该潜水器完成高精度作业任务提供了可靠保障。

“蛟龙号”长8.2米、宽3.0米、高3.4米，空重不超过22吨，最大荷载是240千克。最大航速每小时25海里，巡航每小时1海里；最大工作设计深度为7000米，理论上它的工作范围可覆盖全球99.8%海洋区域。

通常情况下，陆地通信一般采用的都是电磁波，速度可以达到光速。然而，在水下这一手段却没有用，因为电磁波在海水中只能深入几米。为了能够使用深海下潜，科学家们研究出了具有世界先进水平的高速水声通信技术，采用声呐通信。

蛟龙号载人潜水器

研究这一技术的时候，科学家克服了很多问题，如水声传播速度只有每秒1500米左右，如果是 7000米深度的话，一句简单的通话就需要10秒，声音延迟时间很长；此外，声音在不均匀物体中的传播效果不理想，而海水密度大小不同，温度高低不同，因此回波条件也不同，所以，在复杂的工作环境当中就很可能收不到可靠的信号。

只要“蛟龙号”发现目标，便能够由驾驶员行驶到相应位置，“定住”位置，与目标保持固定的距离，方便机械手进行操作。在海底作业的时候，因为海流的原因，“蛟龙号”通常会摇摆不定，因此做大精准“悬停”是一项突破性的进步。

就像日常生活当中人们开车一样，驾驶员的脚总放在油门上，难免产生疲劳感。为了解决这一问题，科学家们赋予了“蛟龙号”自动航行功能；驾驶员设定好方向之后，可以放心进行观察和科研。

此外，“蛟龙号”还能够自动定高航行，这一功能可以让潜水器与海底保持一定高度，尽管海底山形起伏，自动定高功能可以让“蛟龙号”轻而易举地在复杂环境中航行，避免出现碰撞。

“蛟龙号”有着一个自己的控制系统，通常被简称为“龙脑”；龙脑由

潜水员正在调试蛟龙号上面的综合显控系统

中科院沈阳自动化研究所自主研制。

龙脑的核心是航行控制系统，它具备自动定向、定深、定高以及悬停定位功能，使“蛟龙号”能全自动航行，免去潜航员长时间驾驶之累。

“蛟龙号”上面的半物理仿真平台主要用于验证“蛟龙号”控制系统设计的准确性。科研人员通过输入相关参数，模拟水下环境，测试控制系统运行状况，可以节约人力、物力，降低风险缩短研制周期，提高系统可靠性和安全性，还能为潜航员训练提供“虚拟环境”。

控制系统相当于“蛟龙号”的神经系统，每条神经末梢都连着其他的系统，“蛟龙号”在海底的每一个动作都必须得到“龙脑”的“命令”。

“蛟龙号”上面的综合分析平台能够对综合显控系统所采集的数据如深度、温度及报警信息等进行分析，使之自动生成图形。

“蛟龙号”上面的综合显控系统相当于“仪表盘”，能够分析水面母船传来的信息，显示出“蛟龙”和母船的位置以及潜水器各系统的运行状态，实现母船与“蛟龙”间的互动。

水面监控系统显示母船信息与“蛟龙”信息的集合，使指挥员能对母船的位置和“蛟龙”的位置进行正确判断，进而作出相应调整，保证“蛟龙”安全回家。

⊙史实链接

2002年，科技部将深海载人潜水器研制列为国家高技术研究发展计划重大专项，启动“蛟龙号”载人深潜器的自行设计、自主集成研制工作。这项工作主要是为推动中国深海运载技术发展，为中国大洋国际海底资源调查和科学研究提供重要高技术装备，同时为中国深海勘探、海底作业研发共性技术。

⊙古今评说

当“神舟九号”与“天宫一号”对接，蛟龙号载人潜水器在西太平洋进行7000米深潜海试时，德国的《世界报》发表评论：中国“核潜艇的下潜深度只有300米，难以避开美国反潜机的眼睛”。“中国龙的爪子不仅伸向太空，也伸向深海。”

“神舟九号”与“天宫一号”对接示意图

“蛟龙号”3000米级海试

⊙拾遗钩沉

从2009年开始，“蛟龙号”载人深潜器先后组织开展1000米级和3000米级海试；2010年5月31日到7月18日，“蛟龙号”载人潜水器在中国南海3000米级海试，最终圆满成功。实验过程当中，“蛟龙号”7次穿越2000米深度，4次突破3000米，最大下潜深度达到3759米，超过全球海洋平均深度3682米，创下了水下和海底作业9小时零3分的记录。

⊙史实链接

载人潜水器是国家863计划支持的项目，国家海洋局是项目组织部门，中国大洋协会是项目牵头单位，总装工作由中船重工七〇二所承担，中船重工众多研究院所参与研制。

国家海洋局

⊙古今评说

深海潜水器可以分为带缆水下机器人、自主型水下机器人和载人潜水器等。深海潜水器，特别是深海载人潜水器，是海洋开发的前沿与制高点之一，其水平可以体现出一个国家材料、控制、海洋学等领域的综合科技实力。

国外的深海载人潜水器

“蛟龙号”5000米级海试

⊙拾遗钩沉

2011年7月21日，“蛟龙号”在深海进行了5000米海试，最后实验取得圆满成功。这次实验，前后一共经过5个多小时的水下作业。

这一次乘坐“蛟龙号”的三位试航员分别是崔维成、叶聪、杨波。

“蛟龙号”的三位试航员

2011年7月26日凌晨3点38分，第二次下潜试验任务正式开始。参加下潜任务的潜航员为杨波、付文韬、叶聪；4时46分，“蛟龙号”下潜深度达到2000米；5时40分，下潜达到4072米；6时07分，“蛟龙号”成功突破5000米级水深大关；6时17分下潜至5057米水深；6时48分，潜器抛弃压载铁后开始上浮；9时30分浮出水面，10时回收至“向阳红09”船。

此次下潜试验完成了既定目标，最大下潜深度达到5057米，创造了中国载人深潜新的历史。

整个过程前后一共持续了6个小时，潜航员在5000米水深时对潜器水下各项功能进行了验证，多次进行坐底试验。

这一次“蛟龙号”的下潜成功，为后续第三次下潜——开展海底观测和取样等水下作业奠定了良好基础。

2011年7月28日12时20分许，历经9小时14分，中国7000米“蛟龙号”载人潜水器顺利完成5000米级海上试验第三次下水任务。经过现场确认，此次最大下潜深度5188米，再次刷新了我国潜水器下潜记录，并进行了坐底、海底照相、声学测量、取样等多项科学考察任务，也创造了“蛟龙号”水中作业最长时间纪录。“蛟龙号”的这一次下水，验证了大深度环境下的技术功能和性能指标，并且完成了科考和科学试验任务。

2011年7月30日4时26分，“蛟龙号”载人潜水器第四次“入水”。7时29分，“蛟龙号”在深度为5182米的位置坐底，成功安放了中国大洋协会的标志和一个木雕的中国龙。

完成采样任务后，“蛟龙号”潜水器上浮并于13时02分回到母船甲板，全程历时8小时57分。“蛟龙号”的这一次下水，完成了海水、海底生物的提取以及锰结核的采样。在“蛟龙号”带回的记录资料里，5000米深的大洋海底的锰结核画面首度曝光。锰结核覆盖在海底表面，含有钴、镍、铜、锰、等30多种元素。

2011年8月1日，“蛟龙号”在东北太平洋海域完成了5000米级海试第五次下潜科学考察和试验任务，全程历时8小时32分。“蛟龙号”的这一次下水，完成了沉积物取样、微生物取样、标志物布放等作业内容，进一步验证了载人潜水器在大深度条件下的稳定性。此次下潜最大深度5180米，完成了沉积物取样、微生物取样、热液取样器ICL功能测试、标志物布放、6971通信测距等作业内容，进一步验证了潜水器在大深度条件下的作业性能及稳定性。

“蛟龙号”于2011年8月1日凌晨3点准备，3点28分开始下潜，12点潜航员顺利出舱，前后一共历时8小时32分。

⊙史实链接

美国是较早开展载人深潜的国家之一，1964年建造“艾尔文号”载人潜水器，最大下潜深度4500米。在1985年，它找到泰坦尼克号沉船的残骸，如今已经进行过近5000次下潜，是当今世界上下潜次数最多的载人潜水器。不过“艾

“艾尔文号”载人潜水器

尔文号”曾经发生过一次事故而沉入了海底，幸好没有人员伤亡。过了整整一年之后，它才被打捞上来。

⊙古今评说

国家海洋局表示，通过本次海试，实现了中国载人深潜新的突破。这次海试标志着中国具备了到达全球70%以上海洋深处进行作业的能力，极大鼓舞了中国科技工作者进军深海大洋以及探索海洋奥秘的决心。

“蛟龙号”7000米级海试

⊙拾遗钩沉

2012年6月15日7时，崔维成、叶聪、杨波3名试航员乘坐“蛟龙号”开始进行7000米级海试第一次下潜试验。

北京时间早晨7时，“蛟龙号”7000米级海试现场指挥部宣布下潜试验开始。7时12分，“蛟龙号”被布放入水，7时22分开始注水下潜。

7时37分，“蛟龙号”下潜深度超过3000米；9时40分，“蛟龙号”的下潜深度打破了2011年5000米级海试时创造的5188米纪录。10时整，潜水器的下潜深度超过6000米并继续下潜，最终成功潜入水下6671米。

“蛟龙号”的第二次下潜并非一帆风顺，因为液压系统出现故障，“蛟龙号”最终下潜的深度为6965米。“蛟龙号”载人潜水器第二次下潜试验已安全返回。这次试验中科学家首次从6900米深海底取回一系列海水和沉积物样品。

第二次下潜试验的主要任务是复核潜水器故障排除的效果，继续验证潜水器在6000米深度的各项功能和安全性，并在潜水器状态良好的前提下进行海底作业。

2012年6月22日，“蛟龙号”载人潜水器圆满完成7000米级海试第三次下潜试验。

“蛟龙号”的这一次下潜，最大深度达到了6963米，并获得了一个生物样品。根据事先制定好的计划，“蛟龙号”的第二、三次下潜深度会达到大约6500米，但不会超过7000米；这样做的主要目的是重复验证潜水器在6000米级深度下的功能与性能。在第四次下潜的时候，“蛟龙号”才会冲击7000米的深度。

2012年6月24日，“蛟龙号”载人潜水器7000米海试在西太平洋马里亚纳

太平洋马里亚纳海沟平面示意图

海沟进行了。

根据现场记者得到的消息，2012年6月24日5时29分潜水器开始注水下潜；6时44分，“蛟龙号”下潜深度超过3000米；7时40分，“蛟龙号”下潜深度超过5100米；8时54分，“蛟龙号”下潜深度7005米，9时15分，“蛟龙号”潜水器下潜到7020米。

在此之前，世界上只有法国、日本、美国、俄罗斯四个国家拥有载人深潜器。不过，这些国家的深潜器最大工作深度为6500米，而“蛟龙号”的最大工作设计深度为7000米。“蛟龙号”具备深海探矿、可疑物探测与捕获、海底高精度地形测量、深海生物考察等功能，理论上工作范围可覆盖全球99.8%的海洋区域。

“蛟龙号”潜水器成功突破7000米深度，这意味着它能够在全球99.8%的海底实现较长时间的海底航行、沉积物和矿物取样、海底照相和摄像、标志物布放、生物和微生物取样、海底地形地貌测量等作业。

2012年6月27日5时29分开始，“蛟龙号”开始7000米级海试第5次下潜。“蛟龙号”的这一次下潜，再次刷新同类型潜水器下潜深度纪录，下潜到了7059米。11时47分左右，“蛟龙号”的下潜深度达到了7062.68米。

按照国际惯例，“蛟龙号”每一次下水都要在深海布放标有该潜次号的标志物。在茫茫大海当中寻找一个标志物，好比“海底捞针”；这对“蛟龙号”潜水器的精准度要求非常高。

通过这次考验，意味着“蛟龙号”今后可以把科学家载至深海精确地点展开科研实验。

2012年6月30日5时23分，“蛟龙号”载人潜水器开始进行7000米级海试第六次，这也是计划海试当中的最后一次。9时56分，“蛟龙号”潜水器下潜到了最大深度7035米。

随后，“蛟龙号”在完成海底两个小时的作业后开始上浮；下午14时33分，“蛟龙号”浮出水面，完成了中国“蛟龙号”7000米级海试的全部试验。

在此之前，“蛟龙号”进行了五次下潜实验。在第五次实验当中，“蛟龙号”经过3个多小时的下潜后，潜至7062.68米。“蛟龙号”的海试完成之后，接下来的主要任务将是投入应用阶段。

⊙史实链接

2013年3月，中国将利用“蛟龙号”，研究南海水下生命史。南海深部计划于2010年7月正式立项，是国家自然科学基金重大研究计划，也是我国海洋领域第一个大型基础研究计划。该计划采用一系列新技术探测海盆，揭示南海的深海过程及其演变，以及再造边缘海的“生命史”。

⊙古今评说

“蛟龙号”任务的圆满完成，标志着在国家高技术研究发展计划的持续支持下，我国载人深潜器项目历时10年的研制和海试工作的圆满结束。

五、迷人的海洋世界

挺近大洋的“大洋一号”

⊙拾遗钩沉

“大洋一号”长104.5米，宽16.0米，吃水5.60米，排量5600吨，全速16节，巡航速度12节，定员75人（船员25人，调查人员50人）。

“大洋一号”的改装由上海沪东中华船厂、701所、国家海洋局二所、国家海洋局北海分局通力合作下完成。专家们认为项目完成单位提供的资料齐全，数据可信，符合鉴定要求。

经过改装的“大洋一号”，总体性能得到了很大提高，能满足我国海事主管当局的法定要求以及有关国际公约的要求，符合中国船级社的有关规定，船只的安全和防污染的能力得到了全面保证。

“大洋一号”的改装，最主要的就是在船上安装了我国自主设计的具有国际先进水平的动力定位系统。该定位系统能够定点控位、水下目标自动跟踪和循迹航行功能，在很大程度上提高了船舶调查作业的安全性，为实现深海自动取样和摄像等海洋勘查等工作提供了保证。

在这次改装过程当中，技术人员通过精密计算，对艉部甲板进行了技术风险很大的“大手术”，成功地把原5米高的船艉“削”掉2米。在整个操作过程中，没有对船舶造成振动，更没有带来变形，大大地改善了甲板作业的作业环境。

“大洋一号”

此外，经过一番改装，“大洋一号”上面的工作和居住环境得到明显改善。船上人均居住面积已由5平方米增加到9平方米，单人间由原7间增加到27间，充分体现了以人为本的要求。除此之外，还增加了实验室面积和数量，实验室布置合理、科学、实用，能满足国际多种海洋调查作业实验需求；公共舱室和生活舱室的设施和人均面积达到国际同类船舶水平。

在“大洋一号”船上，增加了船舶计算机网络信息集成系统，它是我国自主开发的第一套综合科学考察船舶网络系统，具有可靠、安全、先进、实用的特点。改装还成功地对先进调查设备进行了系统集成与信息融合，提高了综合调查作业、航行和船务管理工作的信息化水平。同时，科考队员和船员还可与远隔重洋的亲人互通电子邮件。

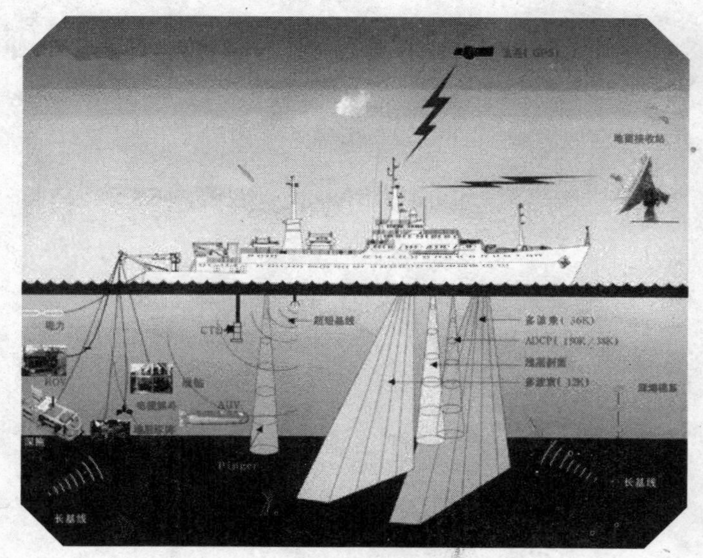

“大洋一号”海上作业示意图

⊙史实链接

从1995年开始，“大洋一号”先后执行了中国大洋矿产资源研究开发专项的多个远洋调查航次和大陆架勘查多个航次的调查任务，为中国的海洋事业立下了汗马功劳。

⊙古今评说

中国的“大洋一号”，现已进入国际先进科学考察船的行列，也是第一艘满足国际海底区域研究开发活动的、面向国内外开放的综合性科学考察船。“大洋一号”具备海洋地质、海洋地球物理、海洋化学、海洋生物、物理海洋、海洋水声等多学科的研究工作条件，可以承担海底地形、重力和磁力、地质和构造、综合海洋环境、海洋工程以及深海技术装备等方面的调查和试验工作。

深海采矿

⊙拾遗钩沉

水下机器人又称无人遥控潜水器，一种工作于水下的极限作业机器人，能潜入水中代替人完成某些操作。水下环境恶劣危险，人的潜水深度有限，所以水下机器人已成为开发海洋的重要工具。

正在准备下水的水下机器人

深海采矿中试系统综合湖试主要是以大洋多金属结核中试采矿系统采矿试验为主线，辅之试验水域环境调查和CR-02 6 000米自制水下机器人试验的大型综合性试验。

实验的主要目的是通过湖底采矿、湖底局部地形调查和环境监测的综合试验，进一步检验采矿系统的技术可行性以及能力；同时，提高协同作业的能力，为海上试验积累更多的经验，检验中国深海技术开发所达到的水平。长沙矿山研究院、中国科学院沈阳自动化研究所、长沙矿冶研究院、哈尔滨工程大学、国家海洋局第二海洋研究所、七五〇试验场等单位的60余人参加了试验工作。

试验预计进行系统下放、湖底行驶演练、输送子系统单体试验、系统着底后起吊试验、系统采集湖底模拟结核并输送到船上的采矿效果试验和系统回收。

⊙史实链接

整体试验于2001年6月进场，由于措施得当、准备充分，克服重重困难，于9月14日首次试采成功，打通了采矿系统工艺流程后，9月15日和9月17日又分别进行了结核采集和输送综合试验，3天累计7个采集段，从130米深的湖底采集并回收模拟结核900千克，试验获得成功。

深海采矿的基地

⊙古今评说

这次试验达到了打通采矿系统工艺流程、设备运转正常、系统能从湖底采集模拟结核并输送到水面船上的目的，采矿试验获得圆满成功，实现了预定目标，推动了中国深海采矿技术向世界高水平的进步。

以《诗经》命名大洋海底地名

⊙拾遗钩沉

《诗经》又称《诗三百》。《诗经》是中国汉族文学史上最早的诗歌总集，收入自西周初年至春秋中叶大约五百多年的诗歌。先秦称为《诗》，或取其整数称《诗三百》。西汉时被尊为儒家经典，始称《诗经》，并沿用至今。《诗经》中的诗的作者，绝大部分已经无法考证。其所涉及的地域，主要是黄河流域，西起陕西和甘肃东部，北到河北西南，东至山东，南及江汉流域。

古书《诗经》

经过专家审议，我国文学史上最早的诗歌总集《诗经》成为大洋海底地名命名体系，并以《风》、《雅》、《颂》分主线进行命名。对于在国际海域新发现的地形、地名的命名，不仅能够提高我国的国际地位，还能塑造国家形象及宣传国家文化。

在青岛召开的一次大洋海底地理实体命名体系方案专家审议会当中，通过了《诗经》作为大洋海底地理实体命名体系。在会议上，方案通过对《帝王年号》、《三国演义》、《诗经》三个命名体系方案进行了对比研究，最终确认《诗经》作为大洋海底地理实体命名体系；这样做的目的主要是为了传播中华文化、展现大洋科学考察成果的目的。

2011年7月，中国提交的“白驹平顶山”、“鸟巢海丘”等七个位于太平洋的海底地名提案，经国际海底地名分委会第24次会议审议通过后，收入国际海底地名名录，实现中国向国际组织提交海底地名提案零的突破。

⊙史实链接

2012年10月，国际海底地名分委会第25次会议又审议通过了我国提交的“维翰海山”、“织女平顶山”、“牛郎平顶山”等12个海底地名提案。至今，已有19个具有中国“标签”的海底地名收入国际海底地名名录。

以《诗经》命名的维翰海山

⊙古今评说

以《诗经》命名大洋海底地名意味着，把中国的传统文学传承到了国际海域。海底地形命名不仅涉及各沿海国管辖海域及管辖范围以外海域的多方权益，而且凸显各国在海洋调查领域的国际影响力。

海上油田的开发

⊙拾遗钩沉

海上油田是指埋藏于海洋水体覆盖的海底岩石中的油田。目前，我国海洋石油工业已经取得了喜人的成绩。我国主要有渤海、东海、南海西部、南海东部等四大海洋石油基地生产石油。

我国的海上石油，现在主要由中国海洋石油总公司负责进行勘探和开发，目前在渤海、南中国海和东海海域进行作业，并建有一大批海上合作和自营油气田。1999年原油产量1616万吨，天然气44万立分米，企业具有良好的经济效益。2001年，我国四大海洋生产基地生产的石油和天然气，折合油气当量2329万吨，约占全国石油产量1.5亿吨的1/6左右。到2010年，中国海油的油气供给总量实现了1亿吨油当量的目标。

目前，我国海上最大的油田是渤海油田，也是全国第二大原油生产

渤海油田

基地。

1967年，我国海上第一口探井“海一井”出油，拉开了渤海油田生产史的序幕，也标志着渤海油田正式进入了现代工业生产阶段。

1975年，渤海油田产量只有8万立分米，到2004年首次达到1000万立分米；“十一五”以来，渤海油田更是得到快速发展。2006年，实现了年产量超1500万立分米；2009年，渤海油田产量又突破了2000万立分米大关。2010年，渤海油田再上新台阶，实现了油气产量3000万吨的历史新跨越，达到3005万吨。这个产量占中国海油国内总产量的60%，也成为原油产量仅次于大庆油田的全国第二大油田。

到2010年底，渤海油田累计发现三级石油地质储量近50亿立分米，发现了数个亿吨级大油田，形成四大生产油区和八个生产作业单元，在生产油田超过50个，拥有各类采油平台100余座。至2010年底，渤海油田已经累计向国家贡献了1.75亿立分米原油。

据日本的考察，日本所属海域中埋藏着足够日本消耗1300年的钴、320年的锰、100年的镍、100年的天然气以及其他矿物资源和渔业资源，这些资源足以使日本从天然资源贫乏国家摇身一变为“天然资源大国”。另外一方面，按照国际惯例，地下资源横跨好几个国家时，要根据储量的比例分摊利益。但令日本媒体感到恼怒的是，为了抢占更多的专属经济区，日方至今在东海的海洋调查只局限于地质构造的基础调查，拿不出具体的数据出来，却想跟中国谈“按比例分配”，简直就是痴人说梦。

平湖油气田海上综合平台

2005年9月19日上午9点19分，中国东海上一个钻井平台的井架烟囱喷出了熊熊烈火，这是春晓油气田的第一把火，它意味着春晓油气田进入正式生产阶段。

我国在东海陆架盆地西湖凹陷开发出的

一个高产油气田是平湖油气田。1974年9月，中国开始在东海寻找油田和天然气；1982年，勘探队在西湖凹陷西侧发现了一个含油地质构造，并命名为平湖构造。

南海的自然地理位置，适于珊瑚繁殖。在海底高台上，形成很多风光绮丽的珊瑚岛，如东沙群岛、西沙群岛、中沙群岛和南沙群岛。南海诸岛很早就为我国劳动人民发现与开发，是我国领土不可分割的一部分。

南海海岸线北起福建省铁炉港，南至广西壮族自治区的北仑河口，大陆海岸线长5800多千米。沿海地区包括广东、广西和海南三省。从东海往南穿过狭长的台湾海峡，就进入汹涌澎湃的南海了。南海是我国最深、最大的海，也是仅次于珊瑚海和阿拉伯海的世界第三大陆缘海。南海位居太平洋和印度洋之间的航运要冲，在经济上、国防上都具有重要意义。

迄今为止，中国已有51个油气田投入生产，油气田开发建设能力迅速提升，过去是几年开发建设一个油田，现在是每年开发建成好几个油田。

中国海油开发建设近海油气田的成本、速度、质量和安全等方面的控制很出色，油气田开发建设的“中海油速度”一再被刷新。中国海上石油的开发和建设必将会为中国的伟大振兴作出杰出贡献。

⊙史实链接

陕北手工挖井采油设备

中国是世界上最早发现和利用石油的国家之一，东汉班固所著的《汉书》中记载了“高奴有洧水可燃”。宋朝的沈括在《梦溪笔谈》中首次把这种天然矿物称为“石油”。元朝《元一统志》记述：“延长县南迎河有凿开石油一井，拾斤，其油可燃，兼治六畜疥癣，岁纳壹佰壹拾斤。又延川县西北八十里永平村有一井，岁纳四百斤，入路之延丰库。”还说：“石油，在宜君县西二十里姚曲村石井中，汲水澄而取之，气虽臭而味可疗驼马羊牛疥癣。”这说明800年前，陕北已经正式手工挖井采油，其用途已扩大到治疗牲畜皮肤病，而且由官方收购入库。

⊙古今评说

有关媒体报道，从1993年起，中国便开始成为石油进口国。2000年，中国的石油进口每天150万桶，2010年增长到每天400万桶，到2030年预计将增长到每天970万桶。这意味着中国在未来仍需要进口石油。中国国家能源局透露，2013年中国原油进口量达3亿吨，石油对外依存度将达到60%。近10年来，国际能源形势发生很大变化，原油价格增长了306%，这对中国形成很大压力。

丰富多彩的生物群

⊙拾遗钩沉

海洋生物是指海洋里的各种生物，包括海洋动物、海洋植物、微生物及病毒等，其中海洋动物包括无脊椎动物和脊椎动物。无脊椎动物包括各种螺类和贝类。有脊椎动物包括各种鱼类和大型海洋动物，如鲸鱼，鲨鱼等。要是按照群落分类，海洋生物则主要可以分为以下几类：

浮游生物，无游泳能力或游泳能力弱，悬浮于水中随水流移动的生物。浮游生物一般包括细菌、浮游动物（如水母、异足类，许多海洋动物的幼虫等）和浮游植物（如硅藻、甲藻等）。浮游生物一般体重轻（外壳重量轻、体内脂肪含量高，富有黏液）、沉降阻力大（身体相对面积大，体表多刺毛、突起，群体连成片）或者具有纤毛、鞭毛而有一定的运动能力。

这些浮游生物当中，大多终生营浮游生活的被称为永久性浮游生物。少数种类仅于生活史的某个阶段营浮游生活，被称为阶段性浮游生物，如许多海洋动物的幼虫。还有一部分，是原非浮游生物，被水流冲荡而出现在浮游生物中，如某些低等甲壳类的介形类、涟虫类等，称为暂时性浮游生物。通常情况下，浮游植物只能在有关的水层生存。浮游动物则不然，很多浮游生物都能够生存在千米以下的深水中，而且多数能在水中作垂直移动。

游泳生物，具有发达的运动器官、泳能力强的动物。游泳生物包括鱼类、大型虾类（如对虾、龙虾）、爬行动物（如海蛇、海龟）、哺乳动物（如鲸、海豚、海豹）等；游泳生

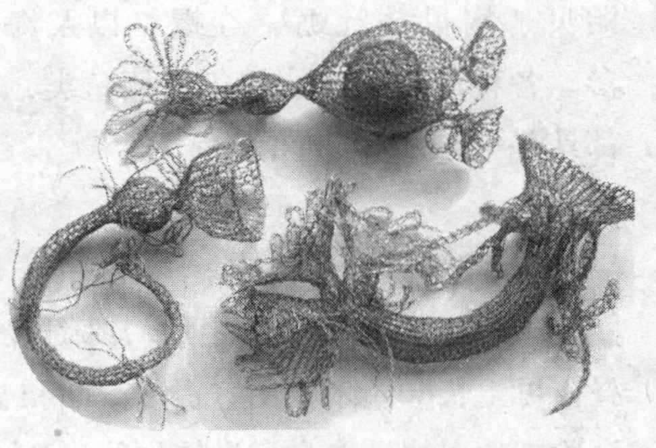

海洋里的浮游生物

海洋里的游泳生物——海龟

物的游泳能力、速度和方式也有很大差异。游泳动物除了有发达的游泳器官外，身体大多呈流线型，以减小阻力，提高游泳速度。有的游泳很快，如剑鱼每小时速度达70千米以上；有些种类能横跨大洋作长距离的洄游，如金枪鱼等。乌贼和章鱼从漏斗口向外喷射水流以推动身体反向运动，海鳗以整个身体弯曲摆动向前游动。它们有的生活在中层或底层水域（如小黄鱼、真鲷、牙鲆），有的生活在上层水域（如太平洋鲱鱼）。

底栖生物，生活在海洋水域底部和不能长时间在水中游动的各种生物，包括底栖植物，底栖动物（腔肠、海绵、线形、环节、甲壳、软件、棘皮、脊椎等门类均有底栖种）。底栖生物按其与底质的关系，又可区分为底上、底内和底游三大生活类型。

海洋里的底栖生物——鹰爪虾

许多底栖生物是渔业捕捞或养殖的对象，具有重要的经济价值。虾蟹类和贝类，如对虾、新对虾、鹰爪虾、白虾、龙虾、梭子蟹、青蟹、绒螯蟹（毛蟹）、蛤、蛤仔、四角蛤、贻贝、扇贝、牡蛎、红螺，以及海参、各种海藻和鲆、鲽等底栖鱼类，都具有一定的经济价值。

⊙史实链接

20世纪90年代，美国西海岸附近的海域盛产一种巨型海藻，这种海藻每昼夜可生长60厘米，用它提炼汽油和柴油，可成为石油的代用品。如果此项试验成功，这种取自海洋植物的汽油，它的售价会低于现今的一般汽油。巨藻的用途十分广泛，可以用来做生产食物、燃料、肥料、塑料和其他产品的原料。此外，因为巨藻中含有39.2%的蛋白质和多种维生素及矿物质，可作为提取碘和褐藻胶、甘露醇等工业产品的原料，还可以作为能源。如果养殖4平方千米的巨藻，那么一年就可生产10万千瓦的能量。因此，巨藻还是一种很有发展前途的绿色能源。

⊙古今评说

浩淼无限的海洋孕育了勃勃生机的地球生命。虽然人类科技探索发展历史已经数千年，海洋世界至今依旧是未被探勘的领域，对于海洋孕育的生物所知还极为有限。迄今为止，人类仍不能说清海洋中的物种到底有多少，仅有文字记录的已有50万种之多。

海洋生物多样性不只是海洋状况的重要指针，人类对海洋生物的了解、发现和研究可以为生物演化、系统发育、古生物地理以及生物埋藏理论提供丰富可靠的第一手资料，具有重要的生物学和地质学意义。同时，也能够为合理开发、应用、保护海洋生物资源提供科学指导。

奇异的海洋动物

⊙拾遗钩沉

海洋动物是海洋中异养型生物的总称，其种类繁多，各门类的形态结构和生理特点有很大差异。微小的有单细胞原生动物，大的有长可超过30米、重可超过190 吨。从海上至海底，从岸边或潮间带至最深的海沟底，都有海洋动物。现在已知的海洋动物有16万～20万种，它们形态多样，包括微观的单细胞原生动物，高等哺乳动物——蓝鲸等；分布广泛，从赤道到两极海域，从海面到海底深处，从海岸到超深渊的海沟底，都有其代表。海洋动物可分为海洋无脊椎动物、海洋原索动物和海洋脊椎动物3类。

其中海洋无脊椎动物占海洋动物的绝大部分。主要的门类有：原生动物、环节动物、软体动物、节肢动物、腕足动物、海绵动物、腔肠动物、扁形动物、纽形动物、线形动物、毛颚动物、须腕动物、棘皮动物和半索动物等。其中腕足动物、毛颚动物、须腕动物、棘皮动物、半索动物等是海洋中特有的门类。

海洋脊椎动物这一物种在结构及功能上呈现多样化，可由简至繁逐一找出代表，例如消化道上有不具口及肛门的海绵，有口无肛门的腔肠、扁虫，到有了前后分开为口及肛门的纽形动物。海洋无脊椎动物因海水浮力大而产生不同于陆生动物之支撑结构；有的充满中胶层如漂浮的大型水母（海蜇皮即此类生物之产品）；有的受限于吸附力、表面张力而成小生物；有的具砂质为主的六放大海绵高可及一米；有的具几丁质为主的外骨骼可支撑出大个体如虾、蟹；或以碳酸钙为主，营造出美丽但笨重的壳，如贝、螺。更有细胞包围在外的内骨骼，如海胆的是碳酸钙，海豆芽的是磷酸钙（人类骨骼是以磷酸钙为主）。这些多样化的支撑系统不仅增大了个体的体积，更可供肌肉附生而得以运而动之，使得动物得以各类型式生活。这样多样化的生物、正是研究比较各类课题的好素材。

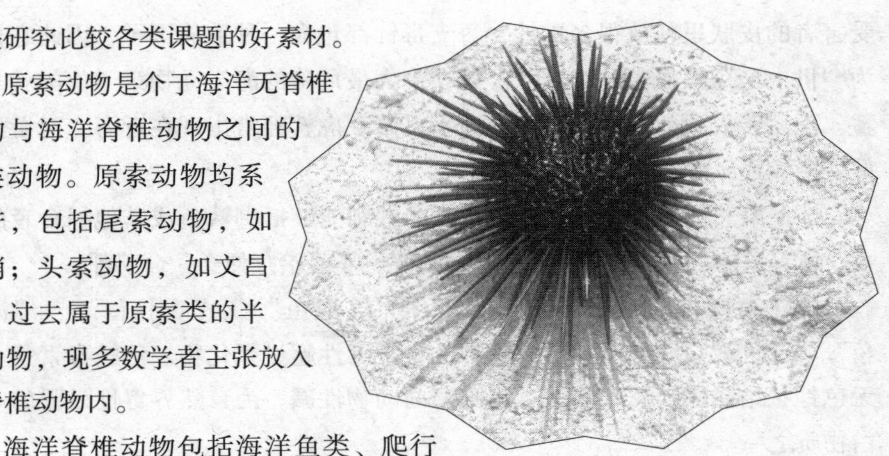
海洋脊椎动物——海胆

原索动物是介于海洋无脊椎动物与海洋脊椎动物之间的一类动物。原索动物均系海产，包括尾索动物，如海鞘；头索动物，如文昌鱼。过去属于原索类的半索动物，现多数学者主张放入无脊椎动物内。

海洋脊椎动物包括海洋鱼类、爬行类、鸟类和哺乳类。其中，海洋鱼类有圆口纲、软骨鱼纲和硬骨鱼纲。海洋爬行动物有棱皮龟科，如棱皮龟；海龟科，如蠵龟和玳瑁；海蛇科，如青环海蛇和青灰海蛇等。海洋鸟类的种类不多，仅占世界鸟类种数的0.02%，如信天翁、鹱、海燕、鲣鸟、军舰鸟和海雀等都是人们熟知的典型海洋鸟类。分布于中国的海洋鸟类约有20多种，它们一部分为留鸟，大部分为候鸟。中国常见的海洋鸟类有：鹱形目的白额鹱和黑叉尾海燕等，鹈形目的褐鲣鸟和红脚鲣鸟，雨燕目的金丝燕和短嘴金丝燕等。海洋哺乳动物包括鲸目、鳍脚目和海牛目等。

海洋原索动物——海鞘

在对海洋动物的研究基础上，总结出了十大最危险的海洋动物。这些动物令人恐惧，具有非常可怕的攻击性，能给人类带来巨大的伤害甚至是死亡。不过通常情况下，我们可以采取措施，避免受到伤害。

在十大最危险的海洋动物中，箱形水母堪称是危险之最。箱形水母的触须会向受害者的皮肤里释放很多毒针，每支毒针都包含一种致痛因子，因此它被称为“世上最令人痛苦的毒刺”。排在十大最危险的海洋动物第二位的就是虎鲨。虎鲨袭人致死事件往往都是惨不忍睹。虎鲨经常出现在近海，对游泳爱好者造成致命攻击。

排在第三位的是石鱼。石鱼背上的棘刺能够抵御鲨鱼或其他捕食者的进攻。所释放的毒液能够导致暂时性瘫痪症，不经治疗便会一命呜呼。

排在第四位的是河鲀。河鲀俗称“气泡鱼”、“吹肚鱼”、“河鲀鱼”、“气鼓鱼”。河鲀体内携带的毒素毒性超过氰化物。河鲀毒素是一种无色针状结晶体，属于耐酸、耐高温的动物性碱，为自然界毒性最强的非蛋白物质之一。

排在第五位的是海蛇。在提到毒性的时候，人们经常将海蛇与眼镜蛇进行比较。它们释放的毒液能够在短短数秒钟之内让猎物瘫痪并最终死亡。不过，海蛇很少攻击人类。

排在第六位的是蓑鲉。蓑鲉看似温顺，但扇形排列的棘刺却也具有令人吃惊的毒性。被棘刺刺中会引发头痛、呕吐和呼吸困难，严重时甚至会晕厥。

排在第七位的是鳄鱼。咸水鳄鱼素来顶着“野生动物王国最凶猛的捕食者之一”头衔。鳄鱼性情大都凶猛暴戾，假如一只鳄鱼咬住你，你愈挣扎，就越陷越深。

排在第八位的是刺鳐。刺鳐属于软骨鱼类，它们的身体扁平，尾巴细长，有些种类的刺鳐的尾巴上长着一条或几条边缘生出锯齿的毒刺。如被刺到胸腔，会造成重伤甚至死亡。

排在第九位的是海狮。海狮具有很强的地盘性，对擅自闯入者绝对不会手下留情。海狮是一种聪明可训练的动物，但它们同时也因为咬人行为而著称于动物界。

排在最后一位的是海鳗。鳗颚部力量强大，牙齿锋利，被牙齿咬伤后产生的锯齿状伤口很容易被海鳗口内的细菌感染。

⊙史实链接

三叶虫化石

根据化石研究，地球上最早出现的动物源于海洋。在人类出现以前，三叶虫、甲胄鱼、恐龙、猛犸象等史前动物相继出现。后来，它们都在不断变换的生存环境下相继灭绝。但是，地球上的动物仍以从低等到高等、从简单到复杂的趋势不断进化并繁衍至今。

⊙古今评说

海洋是生命的摇篮，它为生命的诞生进化与繁衍提供了条件；海洋是风雨的故乡，它在控制和调节全球气候方面发挥着重要的作用；海洋是交通的要道，它为人类从事海上交通，提供了经济便捷的运输途径；海洋是资源的保护，它为人们提供了丰富的食物和无穷尽的资源；海洋是现代高科技研究与开发的基地，它为人们探索自然奥秘，发展高科技产业提供了空间。

物产丰富的海洋矿藏

⊙拾遗钩沉

21世纪是信息技术的时代，也是发展海洋经济的重要时代。浩瀚的海洋是能源和资源的宝库，更是人类实现可持续发展的重要领域。今天的世界，面临着人类有史以来最为严峻的资源危机和威胁。鉴于陆上资源的不断消耗和日益匮乏，现在世界各国都把经济进一步发展的希望寄托在海洋上。在这样的前提下，越来越多的国家都把合理有序地开发利用海洋资源和能源，以及保护海洋环境作为求生存、求发展的基本国策。

20世纪以来，世界各国的科学家都积极努力使人类极大地增长了对海洋资源的认识。目前，世界已经兴起一个开发利用和保护海洋资源、攻克海洋开发高新技术的热潮，海洋经济开始成为世界经济的新增长点。毫不夸张地说，海洋当中几乎涵盖了陆地上的各种资源，甚至有很多还是陆地上没有也不可能有的矿藏。

从20世纪60年代，全世界约16%的石油来自海洋。到20世纪80年代，世界上开采的石油有40%来自海洋。到20世纪末，海洋石油年产量达30亿吨，占世界石油总产量的50%。步入21世纪后，随着科学技术的发展，海底石油开采量将会更高。

另外，和石油紧密相关的天然气，世界天然气储量为255万亿~280万亿立方米，其中海洋储量为140万亿立方米。我国的海底天然气资源量约占全国天然气资源的25%~34%。该数据为我国海上油气开发展示了可观的前景。我国临近各海域油气储藏量约40亿~50亿吨。由于发现丰富的海洋油气资源，我国有可能成为世界五大石油生产国之一。

既然提到海底资源，可燃冰当然也是不可不提的。在可燃冰的开发上，美、德、日在开采上走在世界前列。据估计，全球可燃冰的储量是现有石油

海底可燃冰

天然气储量的两倍。在20世纪，日本、前苏联、美国均已发现大面积的可燃冰分布区。我国也在南海和东海发现了可燃冰。据测算，仅我国南海的可燃冰资源量就达700亿吨油当量，约相当于我国目前陆上油气资源量总数的1/2。在世界油气资源逐渐枯竭的情况下，可燃冰的发现又为人类带来新的希望。

此外，海底海滨沉积物、热液硫化物、多金属结核等也是近些年来人们开发的重点。相对于石油、天然气和可燃冰，海滨沉积物、热液硫化物、多金属结核开发得较晚，但其储量和蕴含的潜在经济效益却不可估量。

海滨沉积物中有许多含有核潜艇和核反应堆用的耐高温和耐腐蚀的锆铁矿、锆英石。部分海区还有黄金、白金和银；含有火箭、飞机外壳用的铌和反应堆及微电路用的钽的独居石；含有发射火箭用的固体燃料钛的金红石等。在我国近海，分布着很多金、锆英石、钛铁矿、独居石、铬尖晶石等经济价值极高的砂矿。

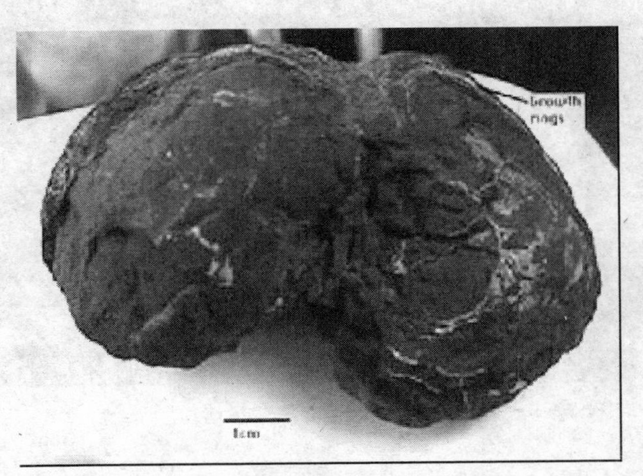
深海矿产资源——多金属结核

而热液硫化物则主要是一种含有铜、锌、铅、金、银等多种元素的重要矿产资源。这种矿藏经济价值极大，仅美国在加拉帕戈斯裂谷发现的储量就达2500万吨，开采价值大约为39亿美元。

此外，海洋当中的多金属结核也非常丰富。据科学家们预测，世界各大洋底多金属结核资源共约有3万亿吨，其中锰的产量可供世界用1.8万年，镍可用2.5万年。仅太平洋的多金属结核资源就达1.7万亿吨。

可见，大海就是一个聚宝盆，有着丰富的资源；世界上所有的元素，从最轻的氢，到最重的铀，都已在海中找到。随着人类对海面以下的蓝色世界不断地进行探索，还会有更多的资源被发现。

⊙史实链接

2003年，“大洋一号”开展中国首次海底热液硫化物调查。经过长期不懈的“追踪”，终于发现了完整的古海底“黑烟囱”，它们的地质年龄初步判断为14.3亿“岁”。这不仅进一步了解了大洋深处海底热液多金属硫化物的分布情况和资源状况，更为地球科学做了一个质的铺垫。

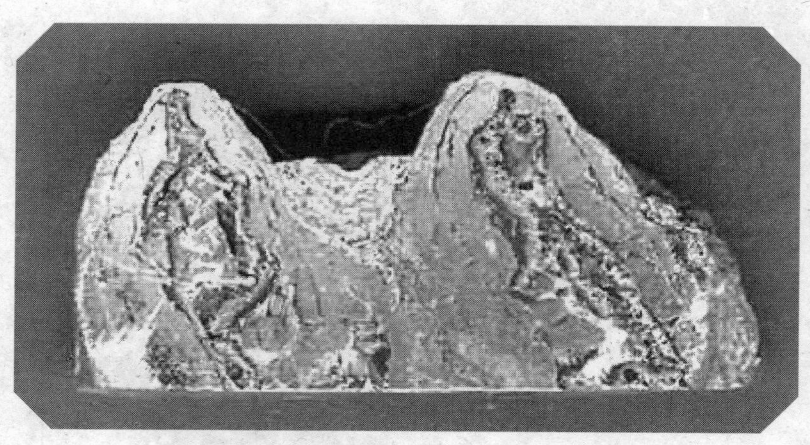

古海底“黑烟囱”

⊙古今评说

海洋简直就是一个巨大的聚宝盆，其中充满了各种陆地上稀缺的资源，在很大程度上解决了人类所面临的能源危机。不过，人类对海洋的探索和开发还远远不够，需要投入更多的精力。

海洋是21世纪医药宝库

⊙拾遗钩沉

进入21世纪以后，人类社会就面临着“人口剧增、资源匮乏、环境恶化”三大问题。随着可利用资源的不断减少，开发海洋，向海洋索取资源变得日益迫切；相应的，开发海洋药物已然迫在眉睫。

广袤无垠的大海中，不仅藏着石油和多种矿物，还藏有丰富的药材，种类繁多的海洋动植物，就是永不枯竭的医药来源。我国早在唐代时，就有人撰写了专门研究海洋药材的著作《海药本草》。可见大海从很早起就开始为人类贡献药材了。

海洋是一个巨大时空尺度的开放性复杂系统，其广阔的空间便是人类可持续发展的财富，是拥有极大开发潜力的新兴领域。

作为一个立体水球，海洋生物处于高压、高盐、低营养、低温、无光照的环境中。在这种特殊情况下，各种生活在海洋当中的生物依其特殊的结构和功能维持其生命活动。经过科学家的不断探索，人们发现海洋生物具有体表吸取营养的特点；海洋生物具有很强的再生能力、防御能力和识别能力，以防范潜在天敌的进攻及海洋共生菌的附着，并维持物种之间的信息传递，这些独特的功能与它们体内的许多成分分不开；海洋生物间存在着各种共生现象，并广泛存在着生存竞争。然而，正是因为海洋生物的复杂性、多样性、特殊性使源于其中的海洋天然产物也具备了特殊性，正是这些特殊性，为我们寻找海洋生物活性物质提供了来源。

人类以科学的手段利用海洋资源进行药物开发最早始于20世纪60年代。近些年来，随着人们对药品毒副作用的逐渐认识，加之严重危害生命而长期找不到理想的治疗药物，而传统的新药研究手段和方式又难以满足社会需要，这种情况促使海洋生物资源开始成为医药界关注的热点。

现在，中国特色的现代海洋医药研究已经开始产业化、规模化，并逐步以青岛、沈阳、大连、上海、厦门、舟山、杭州、广州、深圳、北海、昆明等城市为中心，形成科研、生产、开发，技工贸三位一体的有机网络，正在显示科学技术是第一生产力的强大威力。

在海洋药物开发方面，中国多有独到之处。在1991年9月11日于大连召开的全国海洋湖沼药物开发研讨会上，来自全国的195名专家围绕开发利用海洋湖沼药物这个中心议题进行研究讨论，较全面地反映了我国海洋湖沼医药在抗菌、抗肿瘤及防治病毒、艾滋病等方面的研究概貌。有关藻酸双酯钠、珍珠系列产品、海洋不饱和脂肪酸脂、甲壳质、壳聚糖、海藻、海绵、海葵、星虫、海星、牡蛎、文蛤、鱼类等以及有关抗菌、抗肿瘤、防治病毒、艾滋病等论文，既反映出我国在这些方面赶超世界先进水平、填补国内空白的学术成就，同时也反映出具有我国特色的课题研究。

当然，要说距离人们最近的海洋生物药材，当属海带和紫菜。海带当中还有丰富的碘元素，因此我们平常食用海带，可以补充身体所需要的碘。其实，从海带中提取的药材，对治疗高血压、气管炎哮喘以及治疗外出血都颇有疗效。我们知道紫菜中含有丰富的营养物质，它可以配菜，可以佐餐，还可以入药。随着营养学的发展，人们逐渐认识到紫菜还具有陆地植物无法比拟的特殊保健价值。因此，紫菜又被称为“海洋中的蔬菜”。近年来又有科学实验证明，紫菜的五分之一是食物纤维，可保持肠道健康，将致癌物质排出体外，常吃紫菜对肠癌等疾病有抑制作用。

科学家们从生长在北极附近洋面上的海藻体内，成功地提取出了一种生化活性物质——植物激素。有了它，瓜果产量可以成倍增长。近年来，人们又从海洋动植物中提取了抗菌素、止血药、降血压药、麻醉药。

海洋里生长的海带

现在医学界常用的头孢霉素及其化合物就是从海洋微生物中提取的。它不仅能消灭革兰氏阳性、阴性杆菌，对青霉素都不能杀死的葡萄球菌也有效力，而且没有抗药性。

海洋动物中有很大一部分具有毒性，有的毒性大得惊人。从某些有毒的鱼类中提取的有毒成分制成的麻醉剂，其效果比常用麻醉剂大上万倍，简直令人难以置信；从海绵动物中分离出来的药物，对病毒感染和白血病有明显疗效；从海蛇中可提取能缩短凝血时间的化合物；从柳珊瑚中能够提取前列腺素。

更有意思的是，科学家们偶然发现，鲨鱼很少患癌症。即使将癌细胞活体人工接种到某些鲨鱼身上，鲨鱼也不会因此患病。有了这个惊人的发现之后，人们开始尝试从鲨鱼身上提取抗癌物质，而且取得了一定的成绩。现在，人们已从鲨鱼的软骨内提取出一种具有抗动脉粥样硬化及抗血管内斑块功效的“硫酸软骨素”。该物质能降低心肌耗氧量，降低血脂及改善动脉供血不足，对心脏病有一定的疗效。另外，某些海 洋生物体内含有抗癌物质，

海洋里的鲨鱼

如从河豚肝中提炼制成的药品，对食道癌、鼻咽癌、结肠癌、胃癌都有一定疗效。

⊙史实链接

根据《尔雅》、《黄帝内经》的记载，早在公元前1027年至公元前300年海洋药物就已应用于医疗实践。《神龙本草经》、《本草纲目》都有海洋药物的记载，《中药大辞典》收入海洋药物144种。海龙、海马也是很重要的药用动物，早在《本草纲目》中对它们的功用就有描述。现代中医对海马的评价是，具有补肾壮阳、镇静安神、舒筋活络、散瘀消肿、止咳平喘、止血、催产等作用。

在海洋里游动的海马

⊙古今评说

美国癌症学院的研究人员认为，充满生物活性分子、利用化学方式保护自己的海洋物种，很可能含有丰富的药物资源，所以海洋将成为人类21世纪的药库。

随着人类社会的发展、环境的变迁和科学技术的进步，相信21世纪我国海洋药物研究与开发，特别是产业化方面将有重大突破，使蓝色药业成为我国经济中举足轻重的高新技术产业。